儿童注意力训练全书

〔德〕布丽塔·温特◎著　张　赟◎译　刘　靖◎主审

北京科学技术出版社

Original German title:

Komm，das schaffst du – Aufmerksamkeitsprobleme und ADHS,

1ª edition by Britta Winter © 2010 TRIAS Verlag in MVS Medizinverlage Stuttgart GmbH & Co. KG, Stuttgart, Germany

Simplified Chinese translation copyright © 2022 by Beijing Science and Technology Publishing Co., Ltd.

著作权合同登记号　图字：01-2016-4534

图书在版编目（CIP）数据

　　儿童注意力训练全书 /（德）布丽塔·温特著；张
赟译 . —北京：北京科学技术出版社，2022.10（2025.1重印）
　　ISBN 978-7-5714-2447-3

　　Ⅰ.①儿…　Ⅱ.①布…②张…　Ⅲ.①注意—能力
培养—青少年读物　Ⅳ.① B842.3-49

中国版本图书馆 CIP 数据核字（2022）第 117825 号

策划编辑：张子璇	电　　话：0086-10-66135495（总编室）
责任编辑：张子璇	0086-10-66113227（发行部）
责任校对：贾　荣	网　　址：www.bkydw.cn
图文制作：史维肖	印　　刷：河北鑫兆源印刷有限公司
责任印制：吕　越	开　　本：710 mm×1000 mm　1/16
出 版 人：曾庆宇	字　　数：110千字
出版发行：北京科学技术出版社	印　　张：10.75
社　　址：北京西直门南大街16号	版　　次：2022年10月第1版
邮政编码：100035	印　　次：2025年1月第4次印刷
ISBN 978-7-5714-2447-3	

定　　价：59.00元

/ 前言 /

亲爱的家长和教育工作者：

　　非常高兴你能阅读此书并对它感兴趣。在与孩子接触的过程中，你一定会遇到各种有关注意力的问题吧？也许你自己的孩子就有类似的问题。

　　相信家长、教育工作者、医生和治疗师都已经发现，如今有很多孩子表现出注意力不集中或者烦躁好动的问题。这些孩子平日里要么好动、烦躁、无法集中注意力，要么异常安静、行动拖沓，连日常生活中的一些简单事务都处理不好。对许多家长来说，与这些孩子相处不是一件容易的事，甚至是前所未有的挑战。

　　本书旨在帮助你解决孩子在日常环境中（如家里、幼儿园里或者学校里）注意力不集中以及烦躁好动的问题。书中介绍的方法虽然无法代替专业治疗，但不失为专业治疗的积极补充。

本书所要解决的问题

◎ 孩子不自信时，我们应该怎么做？

◎ 与孩子关系紧张时，我们应该怎么做？

◎ 孩子异常好动或者吵闹时，我们应该怎么做？

◎ 孩子异常孤僻或者行动拖沓时，我们应该怎么做？

◎ 孩子注意力不集中、容易走神或者经常犯错误时，我们应该怎么做？

◎ 孩子不守规矩时，我们应该怎么做？

◎ 孩子无法很好地完成任务时，我们应该怎么做？

◎ 孩子不听从安排或者缺乏独立性时，我们应该怎么做？

◎ 孩子与其他同龄人相处压力较大时，我们应该怎么做？

◎ 孩子不积极参与课外活动时，我们应该怎么做？

◎ 孩子在做手工、绘画和写字等方面表现得不够灵巧时，我们应该怎么做？

◎ 我们如何通过创造合适的氛围和环境来支持孩子？

此外，本书也给出了一些预防措施和建议，希望能够提供一些帮助，尽可能地防止孩子因注意力问题而引发不良行为，或者防止孩子已有的不良行为进一步加剧。

并不是所有注意力不集中的孩子都患有注意缺陷多动障碍（多动症）。

通常情况下，学龄前儿童难以确诊是否患有注意缺陷多动障碍，但是我们应该多多关注注意力经常分散或者过分好动的孩子。

你的身边肯定有这样的孩子，你肯定也遇到过前面列出的问题。

在本书中，你可以找到上面这些问题的答案，获得大量的日常指导、建议和技巧，它们能够帮助你解决孩子注意力不集中或者过分好动的问题。

本书的目标是：让这些孩子的问题不再棘手，让你和孩子的日常生活不再充满烦恼！

也许你和我一样，不仅仅在意孩子是否足够优秀、是否能把所有的事情都做到最好，而更希望他能好好地生活，在任何地方都能找到家的感觉。尤为重要的是，我们希望他在漫漫人生中能够充满自信、认同自我并感受到爱的力量，同时也具备传递友谊与爱的能力。

本书提供的建议

◎ 关于增强孩子自信的建议。

◎ 关于缓和并改善与孩子之间的关系的建议。

◎ 关于帮助孩子规范自身行为的建议。

◎ 关于让孩子安静下来或者保持清醒与冷静的建议。

◎ 关于让孩子的注意力更加集中的建议。

◎ 关于帮助孩子解决问题和完成任务的建议。

◎ 关于帮助孩子变得更加独立、做事更有计划的建议。

◎ 关于提高孩子社交能力的建议。

◎ 关于帮助孩子建立更加积极和丰富的业余生活的建议。

◎ 关于增强孩子的精细动作能力和书写运动能力的建议。

◎ 关于为孩子创造更加完善的日常环境的建议。

作为成人，我们应该以深沉的爱、热情和尊重去面对孩子，使其成长为自信、有安全感、积极向上并且乐观的人。

因此，除了一切具体的日常指导和建议之外，我还想表达以下观点。

请不断向孩子表明，你对他是认同、重视、喜欢的，你深深地爱着他。只有这样，才能增强孩子的自信，帮助他认可自己的能力和优点。

另外，本书中的日常指导、建议和技巧对那些没有注意缺陷多动障碍的孩子也同样具有积极意义。请尝试一下！

此致

布丽塔·温特

信息提示

如果你的孩子正在接受专业治疗，本书将对你有一定的帮助。但是你应该继续向你所信任的家庭医生、儿科医生、儿童及青少年精神及心理医生或者职能治疗师寻求帮助。

/ 目录 /

/ 绪言 /

阅读指南

　　本书的主要内容分为两部分，第一部分介绍了关于注意力以及注意力障碍的基础知识，阐述了注意力的类型及值得关注的问题，说明了在哪些领域和日常生活场景中可以观察到孩子存在的注意力障碍。这一部分还对导致孩子注意力不集中的原因、如何界定注意缺陷多动障碍等问题进行了阐述。

　　本书的第二部分旨在帮助孩子有效地改善注意力不集中的问题，增强孩子的自信和独立性，提高自控力和社交能力。文中列举了10个典型的注意力不集中的问题及其表现形式，同时根据不同的日常环境（如家庭、幼儿园或者学校），以日常指导和建议的形式提出解决方法，帮助孩子达到以下10个目标。

—孩子要达到的10个目标—

◎ 增强自信。

◎ 改善与家长的关系。

◎ 改善注意力不集中的情况，提高自控力。

◎ 提高目标明确地控制注意力的能力。

◎ 提高执行新任务时的协作能力。

◎ 增强独立性，提高组织规划能力。

◎ 提高社交能力。

◎ 增加活动强度，提高参与课外活动的积极性。

◎ 增强精细动作能力以及绘画、书写能力。

◎ 提高环境适应能力。

你可以任意选择自己感兴趣的主题、问题和建议，不必逐字逐句地阅读本书！

期待你从本书中获得启发并尝试书中的一些方法，也请你问问孩子这些方法是否有效，他是否有所改变以及如何评价这些方法。如果方法偶尔无效，也不要担心会伤害孩子，孩子能够真切地体会到你的努力并对你心存感激。

如果我在本书中要求你严格规范自身的行为，请不要感到诧异。作为成人，我们是孩子的榜样，我们的一言一行都会对他产生影响。因此，我们要以身作则，适当地改变自己的行为，这是帮助孩子进步的最好方法。

写作本书时，我时常反思自己的教育方式，问自己有哪些方面做得还远远不够。与你一样，我也一直在努力。对任何细微的改变带来的积极效果，我都感到惊喜。我想，最重要的一点就是，我们在不断地进行观察和反思，并将改变视为继续前进的动力。

如果你的努力未见成效或者孩子的情况有所恶化，请务必寻求专业帮助！

本书最后还附有可供剪裁的卡片，再次清楚明了地展示了那些最重要的方法和建议。

为什么需要职能治疗师的帮助

职能治疗师对儿童在幼儿园、中小学和社会生活中的自理能力及日常行为能力进行分析并提供专业治疗、日常训练计划、环境适应性训练以及面向家长、教育工作者的专业咨询。

作为儿童日常生活指导专家，职能治疗师以增强儿童在日常生活中的行为能力、独立性和参与意识为工作目标。

为什么需要职能治疗

注意力不集中通常会导致儿童日常行为能力及自控能力受损，因此，职能治疗是一种重要的儿童注意力障碍治疗方法。

德国大约有4500个职能治疗诊所，其中大部分专为儿童设立。除了身体协调性、感觉统合、行为发展方面的问题以外，注意力不集中是大部分儿童最常见的问题。因此，治疗注意力障碍是职能治疗师在儿童治疗领域的核心任务，如下图所示。

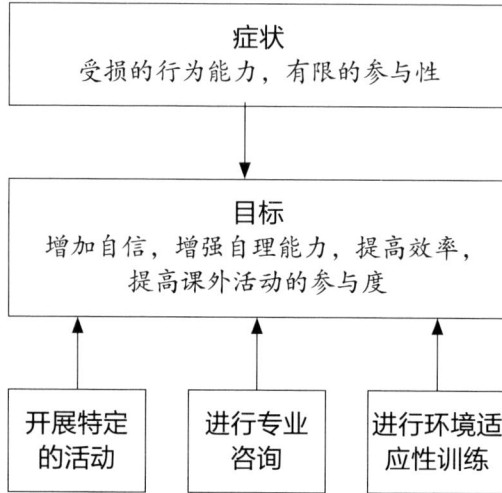

职能治疗所针对的症状、治疗目标及治疗方法

　　职能治疗师经过专业培训，拥有专业资质，在儿童注意力障碍的治疗和咨询方面经验丰富。他们掌握着多种特殊的诊治方法，是解决儿童注意力问题的好帮手。他们针对个人及群体开展注意力及自我管理能力的训练，这些训练已被众多科学研究证实是有效的。

　　与儿童关系密切的人群（如家长、教育工作者），在治疗环节中起着举足轻重的作用。通过咨询，他们将获得许多关于儿童发展与注意力培养的信息，得到有效的启发和协助，从而在日常生活中更好地帮助儿童。同时，他们还将学习如何优化环境（如儿童房、教室等）。借助专业咨询，职能治疗的一些基本原则能够不断被应用到儿童注意力障碍治疗的全过程中。

在本书中，作为一名经验丰富的职能治疗师，我总结了许多方法、建议及日常指导，与家长和教育工作者一起为解决儿童注意力问题而努力。

为什么需要我的帮助

我是两个孩子的母亲，1987年成为一名职能治疗师。1988年，我在德国文斯托夫创办了一所职能治疗诊所。自那时起，我就特别关注在注意力、自我调节能力、协作能力等方面存在问题的儿童（尤其是患有注意缺陷多动障碍的儿童）。我知道，这类儿童及其家庭通常承受着较大的压力。其实，借助专业的治疗和有针对性的建议，这些问题是可以得到解决的。

除了是职能治疗师，我还是"治疗与知识教育中心"（针对职能治疗师进行认证与培训）的创始人，并经常就儿童职能治疗的相关主题进行演讲、举办讲座。基于教学实践以及对现有治疗方案的研究，我出版了针对存在注意力问题和患有注意缺陷多动障碍的儿童的治疗指南。此外，我还跟一位同事一起研发了一套职能治疗的父母训练方案，为那些注意力不集中、缺乏自我调节能力和行为组织能力且正在接受治疗的儿童的家长提供有价值的专业解释和日常指导。

我一直坚信，职能治疗提供的日常指导一定能够帮助患有注意缺陷多动障碍的孩子战胜困难。现在，这一点在业内已经通过越来越多的实例得到了证实。我对此深感欣慰，并由此获得了继续前进的动力，这也是我写作此书的原因。

第一部分

有关注意力障碍的基础知识

/ 什么是注意力 /

几乎每一项日常活动的开展都需要注意力，注意力涉及感知能力、记忆力、行为控制能力、语言能力与认知能力等多种能力的发展。

注意力常常被比喻成聚光灯——它将重要的事物置于中心，使其耀眼夺目，而将不重要的事物置于暗处，无视其存在。只有通过这种方式，我们的大脑才能有序地处理信息，保持正常运转。

集中注意力能促使我们在执行一项任务、实施一种行为或者开展一项耗时较长的脑力工作时坚持下去，在这期间我们必须不断地区分重要的事情与不重要的事情，并稳定地控制我们的行为，这就要求中枢神经系统必须保持一定程度的活跃状态。

🔍 信息提示

本书结合现代神经心理学研究，将注意力分为以下几个部分。

① **警觉性注意力**

警觉性影响中枢神经的状态，简单地说，就是决定大脑的清醒程度。它在早上和晚上具有很大的差异。警觉性注意力也包括面对警示迅速提高注意力的能力。

② **集中性注意力**

集中性注意力是指对重要事物做出迅速且确定的反应，而不受干扰因素或者其他非重要事物的影响的能力。这种能力使注意力始终集中在某一项任务或者某一件事情上而不转移。

③ **分配性注意力**

分配性注意力让我们能同时将注意力放在多件事物或者任务上。

④ **持续性注意力**

持续性注意力是指将注意力长时间集中于一件刺激性不强的任务上，并能够根据需要随时做出迅速而肯定的反应。

将注意力不间断地集中于一件事物的平均时间如下。

◎ 5~7岁儿童为15分钟。

◎ 7~10岁儿童为20分钟。

◎ 10~12岁儿童为20~25分钟。

◎ 12~14岁儿童为30分钟左右。

注意力控制能力、专注于工作的能力和持续关注同一事物的能力取决于兴趣、动机及努力程度。很显然，对绝大多数人（包括孩子和家长）来说，做自己感兴趣和可以让人体会到快乐的事，专注程度远远高于做那些丝毫不感兴趣和被迫去做的事。精神上的投入程度总是与兴趣爱好、动机及自觉性有着密切联系。

儿童的注意力持续时间因人而异。事实上，我们常常高估儿童控制注意力的能力，要求他们长时间做某些事情，给他们增加了过重的负担（如小学的一堂课为45分钟）。

神经解剖学和治疗研究表明，感觉中枢和运动中枢的信息加工决定了一般性反应能力的强弱与中枢神经系统的活跃程度。传送到感觉中枢和运动中枢的信息又在脑干网状结构内被过滤、阻挡以及集结。这一网状结构会拦截大部分信息，确保只有重要信息能够到达大脑。一旦网状结构拦截的信息过少而导致海量信息闯入大脑时，注意力就会分散。因此，通常情况下，精准且目的性强的运动行为与注意力控制能力紧密相关。

/ 注意力障碍有哪些 /

每个人都有注意力不集中的时候。在疲倦、生病、睡眠不足、过于兴奋或者情绪低落的情况下，我们很难集中注意力。一旦注意力分散，就会变得不安，行动也会变得草率、不精准。在这种状态下，人往往容易忘事、犯错误、冒冒失失或者打翻东西。

在一定的年龄阶段及特定的环境下，出现注意力不集中以及好动不安的问题，对儿童来说较为常见。他们必须多运动，让大脑建立起控制运动及与之相匹配的反应（如平衡与力量分配）的必要神经网络。注意力控制的神经网络在儿童和青少年时期才能全面构建起来。

通常情况下，儿童在出生的最初几年可以很好地学会调节中枢神经的兴奋程度。但在日常生活中，一些儿童注意力日渐分散，自我调节能力不断下降，这不得不引起我们的关注。就自我调节能力而言，这些儿童很难在不同的活动中产生与之匹配的兴奋。而拥有良好的自我调节能力的儿童总能使自己的兴奋程度与所进行的活动相匹配。

有些孩子表现得过度兴奋。他们的活跃度极高，常常表现出一种强烈的运动性不安，如活动欲望强烈，四处乱跑，经常起身站立，手脚持续扭动。这种运动性不安使他们很难集中注意力，他们总是说很多话，而且说得又大声又急促。此外，他们也很难合理分配体力，行动显得笨拙、缺乏灵活性。这些儿童往往对绘画和手工不感兴趣，这一点与他们的年龄不相符。

有的孩子则表现得过度抑制，活跃度极低。他们异常安静，甚至性格孤僻，做事拖沓，记性不好，很难真正投入去做一件事情。这些儿童非常容易走神，常常偏离正题。他们学习的速度非常缓慢，总是很难在规定时间内完成作业。除此以外，他们很难迅速对事物做出判断并执行指令。

注意力障碍可以分为**注意力强度障碍及注意力控制障碍**。

注意力障碍的分类

注意力强度障碍

◎ 缺乏警觉性注意力的儿童总是不够清醒、做事拖沓、缺乏动力。只有在不断督促和较强刺激的推动下，他们才会有所反应。

◎ 缺乏持续性注意力的儿童很难在一件缺少变化的事情上保持长时间的注意，精神显得较为涣散，也有可能表现得多动、不安。

注意力控制障碍

◎ 缺乏集中性注意力的儿童非常容易走神，他们很难在同一件事情上集中精力并坚持较长时间。

◎ 缺乏分配性注意力的儿童无法同时胜任多项任务。

儿童有可能出现上述注意力障碍中的一种或者多种，甚至全部的表现。特别严重的情况下，注意力障碍伴随其他症状可以升级为注意缺陷多动障碍。

注意缺陷多动障碍

◎ 大约4.8%的德国儿童患有注意缺陷多动障碍。这种病症主要表现为注意力障碍、活动过度和好冲动，可以发生于多个场合，包括学校、家庭和社会生活环境。患有注意缺陷多动障碍的儿童的行为表现明显异于同龄人，其症状可在7岁之前就被发现，至少持续6个月。此类儿童的日常生活往往受到严重影响并因此承受了巨大的精神压力。

存在注意力问题的孩子有哪些日常表现

总的说来，在日常生活中，注意力不集中和自我调节能力较弱的孩子往往行为能力较差。他们往往需要更多的时间来完成任务，过程中也更容易出错。他们对周围环境的反应不够积极，常常遭遇失败，这使他们渐渐丧失自信和积极性，情绪变得越来越糟，最终导致他们在社交领域畏畏缩缩或者干脆采取拒绝、叛逆的态度。

家庭环境

在家庭环境中，这些孩子可能出现一些典型问题。家长不得不再三重复自己的要求，以敦促孩子遵从。对这些孩子来说，很多与自理能力相关的日常活动（如起床、洗漱、穿衣、吃饭、打扫卫生及睡觉等）充满困难和压力，在学习方面更是问题重重。在游戏或者活动中，这些孩子也好动不安、大吵大闹，通常很难独立完成自己的任务。他们时常变换游戏，但很快又觉得无趣，还经常与其他孩子争吵。他们要么不够温和、精神亢奋、特别敏感；要么异常安静、做事拖沓、畏畏缩缩，不愿与人交往，也不愿意参加集体活动。他们缺乏自信，也容易烦躁发怒。

幼儿园

在幼儿园里，这些孩子异常亢奋、多动，或者因明显缺乏动力而行为拖沓，非常引人注目。典型问题表现在幼儿园的日常常规活动和自理活动中，如穿衣时慢慢吞吞或者吃饭时好动不安。孩子表现得过度兴奋，始终处于活动状态，他们在与其他孩子玩耍时表现得精力旺盛，总是吵吵嚷嚷、蹦蹦跳跳并不断与他人发生冲突。这些孩子很难专注于一项任务，他们会排斥书写、绘画、手工等活动。在集体中，注意力问题和好动状态表现得很明显：这些孩子要么容易打扰别人、动个不停、吵闹不止、容易走神，要么异常安静、反应迟缓。

学校

那些在学校课堂上特别容易走神或者好动不安的孩子非常引人注意。他们很难集中精力听课，也很难专注地完成作业。他们的自控能力较差，容易出错。这些孩子要么行动草率鲁莽、错误百出，要么行动异常缓慢、行为结果不尽如人意。由于书写之类精准、目的性强的行为与注意力控制能力紧密相关，所以，这些孩子的书写大多缺乏规范性，让人难以辨认。

造成注意力障碍的原因有哪些

导致孩子出现注意力障碍及好动状态的原因是多方面的，主要原因在于大脑特定的掌管注意力和控制力区域的功能发生异常，以及中枢神经系统传递信息出现失衡。较为肯定的是，遗传因素会在一定程度上影响大脑功能。此外，胚胎发育过程中若受到毒素影响（如母亲在怀孕时期吸烟、饮酒），也会导致孩子出现注意力问题。

由于无助和困惑，大多数成人无法长期向存在注意力问题的孩子提供有意义的帮助，他们对这些孩子的反应大都是怒吼、发火甚至失去爱心。这些做法往往会加重孩子的不良表现，从而形成恶性循环。长此以往，孩子的症状将逐渐恶化。

信息提示

确定孩子是否存在注意力障碍，需排除以下情况。

◎ 将要生病或者处于生病的状态（如感染）。

◎ 患有不断加重的器质性疾病（如甲状腺功能异常、癫痫等）。

◎ 服药后产生副作用。

◎ 患有视力、听力障碍。

◎ 睡眠不足（如入睡困难或者睡眠间断）。

◎ 饮水较少。

◎ 频繁接触电子产品（如电视、电脑、手机等）。

◎ 管教者缺乏约束。

◎ 智力水平低下。

◎ 精神压力较大（如心理创伤）。

◎ 所处环境对其心理有较大的消极影响（如父母争吵、不受重视、
  受溺爱等）。

谁能够确诊注意
缺陷多动障碍

注意缺陷多动障碍的确诊需要全面地了解病史，并进行智力、注意力及记忆力测验。神经心理学家、儿童及青少年精神科医生、儿科医生等专业人士可以为你提供帮助。

有关注意缺陷多动障碍的提示

除注意力不集中以外，如果儿童连续6个月都具有好动不安、冲动甚至叛逆等行为特征，那么应考虑患有注意缺陷多动障碍的可能。

注意缺陷多动障碍必须由富有经验的专业医生经过彻底、全面的检查评估才能确诊。除注意缺陷多动障碍以外，儿童也可能存在其他的共患病

（如抑郁症、自闭症等），所以，注意缺陷多动障碍的确诊是一个较长的过程。诊断时必须明确每种障碍的症状之间的界限，也应该从身体、认知、情绪、功能及社会等多重因素加以考证。

注意缺陷多动障碍的影响

注意缺陷多动障碍的轻重程度不同，在不同的生活领域产生的影响也不同。具有明显注意缺陷多动障碍症状的儿童如果身处较为稳定的社会心理环境，他在家庭和学校中的行为受此症状的影响可能较小；相反，注意缺陷多动障碍症状较轻的儿童如果受到特别的社会心理环境影响，其行为能力也可能非常糟糕。因此，制订治疗计划时，必须综合考虑症状的轻重程度、个人因素及环境因素。

/ 有哪些治疗方案 /

如今有不少注意力训练方法的有效性已得到证实。一些训练法以个体或者团体治疗的方式展开。除注意力训练法外，还有作为辅助手段的专门针对家长的详细咨询。

在针对患有注意缺陷多动障碍的儿童的治疗过程中，常采用以下方法。

- 克罗瓦切克的马堡注意力集中训练法。

- 劳特和施洛特克的儿童注意力训练法。

- 由雅各布、霍布洛克、慕特和彼得曼组成的小组所采用的神经心理学治疗法。

- 由都布夫讷、弗里希、勒姆库尔和舒尔曼负责的治疗儿童多动及对立违抗行为的方法。

- 温特和阿拉辛的注意缺陷多动障碍患者的职能训练疗法。

- 艾特西的儿童注意力集中训练法。

- 由勒帕希、霍布洛克、慕特和彼得曼倡导的神经心理学个体训练法。

在治疗领域具有专业知识的神经心理学家、行为治疗师和职能治疗师负责以上训练的执行并监督治疗过程。

此外，还有专门为患有注意缺陷多动障碍儿童的家长提供的特殊训练。

职能治疗师借助一些具体的日常训练、各种不同的注意力训练及针对个人家庭环境的训练，帮助孩子改善其行为能力、独立性及参与能力。职能治疗师也会向家长、教育工作者提供有针对性的专业咨询，并向孩子提供合适的训练环境。

一旦确认儿童患有注意缺陷多动障碍，医生会与家长、孩子商量，确定最佳治疗方案。由于此病症的轻重程度不同，因此，医生会遵循个体化的治疗原则，并基于跨学科方式制定适当的多模式治疗方案。

针对注意缺陷多动障碍的多模式治疗方案的两个基本治疗措施如下。

一般性治疗措施

- 针对儿童、家长和教育工作者的心理训练。

- 针对性的行为治疗措施。

- 日常训练。

- 神经心理学/认知科学治疗方案。

- 针对继发性的其他功能障碍和在家庭中出现的一些明显问题的治疗。
- 建立自助小组。

药物治疗措施

当出现以下情况时，需采取药物治疗。

- 一般性治疗措施实行数月后，未见明显效果或者无明显改善。
- 儿童的行为能力和心理社会功能受到明显影响。
- 儿童的成长过程受到危害。
- 症状逐渐加重。

成功的治疗得益于有针对性的措施，也离不开全程监督、参与者之间的交流、儿童的积极配合及适当的环境。

本书能够在一般性治疗措施范围内向家长、教育工作者提供有效的建议及指导，协助治疗儿童注意缺陷多动障碍。

信息提示

本书也可以用于学校（幼儿园）对儿童注意缺陷多动障碍的预防，促进儿童身心健康。书中推荐的日常指导在实际应用过程中对健康的儿童也颇有助益，这已经为许多儿童、家长、教育工作者和专业人士所证实！

第二部分

日常指导、建议及技巧

1 表达爱与欣赏

| 自信的孩子做事更专注、更持之以恒 |

——目标——

你的目标是增强孩子的自信。

- 让孩子更加自信。

- 让孩子意识到自己的能力和优点。

- 让孩子与其他人交往时更加开放。

自信是一种对自我表示肯定的心理状态，自信的人能采取有效和恰当的行为模式来应对各种问题。良好的自信可以帮助孩子适应新环境、更好地与他人交往、结交朋友、战胜困难以及提高自我满意度。持续稳定的自信是人一生中保持心理健康和拥有幸福感的重要因素。

注意力不集中的孩子常受到外界的批评，做事总是失败，其自信程度相对较低。他们在发展新能力时容易半途而废。"我又失败了""我太笨了"是他们的口头禅。这些孩子往往付出极大的努力却收获甚微，这会让他们变得更容易气馁，直至放弃努力。

作为成人，我们应该以无私的爱、热情和尊重去面对孩子，使其成长为拥有强大的、稳定的自信心的人。

请尊重你的孩子，并明确告诉他你有多爱他，通过这样的方式来增强孩子对自我、自身能力以及自身优点的信心吧！

"我成功了"和"勇气就是诀窍"

向你的孩子表达你对他的喜欢和爱吧！请向他表明，即使他犯了错误或者不按你的意愿行事，你依然深爱他、喜欢他、尊重他。被爱难道不是我们每个人的愿望吗？当孩子感觉到自己被人接受、被人爱以及被人尊敬时，他也会爱自己，他的自信也会由此增强。

日常指导

- 通过倾听、关怀、抚慰、保护、参与、赞许、微笑等方式向孩子展现你对他的爱与尊重。

- 舍得在孩子身上花时间。告诉孩子，他对你有多重要。

- 对孩子正在做的事情、他的想法以及他在乎的东西表现出兴趣。

- 明确地向孩子表明，你最喜欢他的什么，你最乐意和他一起做什么事情。

- 向孩子强调，他有哪些能力和优点。

- 当孩子付出努力并完成某事时，及时表扬他。

- 当孩子想要尝试新鲜事物时，请这样鼓励他："你一定能做到！""相信你自己——我也相信你！"

- 向孩子表明你是信任他的："你可以！"

- 放心地将孩子能够胜任的事交给他。

- 努力开发孩子的天赋，挖掘他的兴趣所在。

- 当孩子做错时，最好这样说："这并不太糟！""人难免犯错误！""再试一次！"

- 批评孩子时尽可能给出具体的意见和解决办法，以及清楚的行动指示。

- 避免使用伤害性的话语和批评方式。

- 如果有必要，请就具体行为给予批评，而不是否定孩子的全部。

- 请注意，即便发生冲突，也应该始终传递积极的信息。

信息提示

总的来说，给予孩子鼓励时，尤为重要的是给予孩子积极和正面的信息（在说出批评性的话语之前至少表扬3次）。

2 增进亲子关系

信任父母的孩子更愿意
将建议和指令付诸行动

— 目标 —

你的目标是缓解和改善你和孩子之间紧张的关系。

– 让孩子表现得更加平和、安静。

– 让孩子少做出一些不合时宜的行为。

– 与孩子之间的关系轻松而愉快。

– 与孩子共同进行快乐的活动。

– 让孩子信任你，愿意与你在一起。

与注意力不集中的孩子待在一起是一件令人感到辛苦和费力的事情。这些孩子思维跳跃，不会同步行动，对外界刺激的反应也较为有限。

这类孩子存在自控力和注意力方面的问题，他们很难将家长的指令和要求付诸实践。典型的情况是，家长需要多次重复要求以提醒这些孩子，这会使家长筋疲力尽、失去耐心，而孩子也会变得神经紧张或者反应迟钝。如此一来，家长和孩子之间的关系便会不断恶化。

请你想尽一切办法改善你和孩子之间的关系！

兴趣与长处技巧

那些在日常生活中表现不得体的孩子常常备受关注。他们经常不知所措、受到警告或陷入冲突，这会对孩子的人际交往产生消极影响，不利于他们的情感发展。

为防止以上情况的发生，请你在与孩子相处的过程中努力找到孩子的兴趣所在，挖掘他的优点和潜力。重视孩子的优点是改善你与孩子之间关系至关重要的一步，同时也有助于增强他的自信。

请你不断地向你的孩子指明他身上的闪光点！

日常指导

- 孩子目前对什么感兴趣？

- 孩子正专注于什么事情？

- 关注孩子乐意做的事，你从中注意到了什么？

- 孩子对什么事情最愿意投入精力、花费心思？

- 尝试成为一名寻找孩子闪光点的"侦探"。

- 孩子最擅长做什么事情？

- 孩子在什么事情上获得成功、在哪些地方有了进步？

- 孩子应如何从整体上提升自己？

- 其他人最喜欢你孩子的哪一点？

- 其他人如何评价你孩子的优点？

- 和孩子一起在纸上写出他的所有优点。

- 日常生活中对孩子的优点不断地给予肯定和强调，越具体越好。

- 向孩子奖励"喝彩卡"（附页里

喝彩卡

有可供剪裁的模板）。每张"喝彩卡"都代表了孩子性格上的一个优点，每当他看到一张"喝彩卡"，就会想起自己的一个闪光点。

学校（幼儿园）日常指导

与所有孩子都进行一次谈话，讨论谁对什么感兴趣、谁能够做好什么、谁取得了什么进步、你希望他们完成什么。可以和孩子一起将要点总结出来并做成大海报，以此提升孩子的自我价值感。

日程安排和仪式化技巧

孩子的学习需要在成人的指导下进行。请给予你的孩子可靠的、可重复的日程安排，让他获得指导、保障及支持。这也是帮助他们学会自己安排日常活动的基本条件。

一份结构清晰的日程安排可以帮助孩子进行自我规划并增强其行为的条理性。让孩子从熟悉的事情做起，不断开发孩子的能力，鼓励孩子尝试和学习新事物。此外，通过稳定的集体活动（如一起吃饭、朗读等），也会使家庭关系变得融洽。建议你与孩子一起检查日程安排，记下来，并把它挂在醒目的地方。本书的第38、39页以及附页提供了相应的日程安排及周计划。

作为成人，你可以与孩子一起，通过合理的日程规划来避免出现紧张的亲子关系。

日常指导

- 构思一份一目了然的日程安排及周计划。

- 和孩子一起讨论此计划。

- 为共同的活动计划出足够的时间。

- 为共同进餐制定规则（如先洗手、喊口号一起开始等）。

- 和孩子协商完成作业和任务的固定时间及地点。

- 考虑在日常生活中加入安静的活动（如朗读、茶歇等）。

- 晚上入睡前举行一定的仪式（讲睡前故事、一起谈谈或者记下白天的趣事等）。

- 写下这些计划并挂在所有人都能看到的地方。

- 与孩子共同练习如何管理时间（共同制订时间计划、佩戴手表、利用秒表、安装时钟等）。

学校（幼儿园）日常指导

- 将每天的日程仪式化。

- 与孩子讨论日程安排，直到他能够自觉地去做。

- 记下或画下每天和每周的安排，并将其挂在醒目的位置。

- 规定统一的问候仪式，从一开始就对孩子有所约束。

- 以明确的指示强调重要的学习阶段（如"注意了，注意了"）并坚持下去。

我的日程安排

时间	活动	😊

我的周计划

时间	星期一	星期二	星期三	星期四	星期五	星期六	星期日

我们的时间

我们生活在一个充满压力的时代，属于自己的闲暇时间越来越少。对你和孩子来说，最重要的就是拥有平和、有建设性和不断增强的关系，而且你需要时间和空间来不断巩固这种关系。对此，你需要拥有共同属于你们的、有价值的时间。我们都已经深有体会，经常共同参与活动能够促进家庭团结，形成和谐的家庭氛围。

为此，家长需要先和孩子一起制定相关规则。规则必须清楚明了，双方要互相约束并以相同的方式遵守。

日常指导

- 在日常生活中，与孩子定期在一个时间段内共同开展某项有积极意义的活动。

- 在这段时间内与孩子待在一起，并给予他持续的关注。

- 与孩子一起玩耍，不要批评及干涉他。

- 采纳孩子的意见，与他在一起对你来说应该是一件令人高兴的事。

- 享受这一刻，深呼吸，并将这一刻视为放松的好机会。

- 重新审视你花在手机、电视和电脑上的时间。每个星期有一天或者几天不看电视又会怎么样呢？

幽默与想象

作为家长，我们有时候会为如何解决与孩子的冲突而感到为难。我们期望孩子能做出点什么，但孩子往往并不理睬我们第一时间发出的要求、警告、威胁、责备或者毫无用处的武力。这时候，冲突会频繁出现，不断发展并升级，使家长与孩子之间的关系恶化。当然，我们都不愿意与孩子之间出现这样的问题，哪个家长不是期望着与孩子互相关爱、共同分享欢乐和愉悦呢？

那就行动起来吧！在与孩子发生冲突时，尝试着以幽默和富有想象力的方式让剧情逆转，导演一出喜剧、悬疑剧或者闹剧吧！

日常指导

早上起床和穿衣时：约定一个时间，一辆"早餐快车"准时等候在走廊里。"早餐快车"可以是一张旧地毯，孩子坐在上面，让他想象自己系上了安全带。"请注意，车要驶进厨房啦！"爸爸宽大的肩膀也可以成为一辆"快车"。与孩子做好约定，必须准时出发，铃响三声后，"乘客"一定要上"车"，否则就感受不到"乘车"的乐趣了。

晚上睡觉之前：请试一试"夜车"（地毯、床单、爸爸、妈妈都可以）吧！一定要注意，铃响三声后"夜车"就准时开动。孩子要想感受"乘车"的乐趣，就必须准时出发。

早上洗漱时："啊，我的天哪，裤子和袜子吵着谁先被穿上，牙刷也正在喊着想进入你嘴里……"

每个孩子都有自己暗藏的一些"小机关",它们掌控着孩子的行动力。开机的"按键"在哪里呢?找一找吧!对了,嘴巴也是一把钥匙,可以治愈那些拖沓的、唠唠叨叨的毛病。

同时,你需要一个"脏话储存罐"或者"脏话保险柜",在特殊的情况下才能取出使用。或者,你也可以将马桶视为"脏话接收器"。

孩子们都喜欢听笑话。请尝试在你和孩子情绪都不高的时候,读一则笑话吧,这绝对是调节气氛的好办法。

表扬

如果孩子表现良好,你要学会给予关注和做出反应。可以通过注视和表扬的方式向孩子表明,他的行为是正确的。在孩子刚刚按照你的要求做对第一步时,你就应该通过肢体语言(目光注视、微笑)和温柔友好的声音向他表示赞赏。通过这样的方式鼓励孩子重复正确的行为,长此以往,孩子便能学会不断按照你期许的方式行事。

注视、关注、重视、表扬和认可都有利于培养孩子的自我价值感,请你好好利用这些方法!

日常指导

- 与孩子详细地谈论你所希望的行为方式。

- 密切关注孩子，及时表扬孩子正确的行为。

- 通过表扬，让孩子认识到什么是好的行为，肯定孩子的每一点小进步。

- 在第一时间对孩子的表现做出肯定。

- 表扬孩子时告诉他具体哪里做得好。

- 严格区分批评和表扬。

- 为了给孩子更多积极的反馈，你可以在右边的口袋里放5颗玻璃球，每当你表扬孩子一次，就将1颗玻璃球换到左边的兜里。

可以和孩子一起制作一张写有各种表扬词汇的海报（见附页模板）。拿一个骰子和一张纸，投掷骰子，说出与骰子点数相同数量的表扬词汇，每说对一个新的词汇得一分，随后将词汇写在海报上。这里有一些词汇可供参考。

→ 太完美了！   → 太美妙了！

→ 太棒了！   → 做得真好！

→ 都做对了，太棒了！ → 就是这样！

→ 太出色了！   → 太伟大了！

→ 真棒！   → 太优秀了！

→ 真令人印象深刻！   → 我太激动了！

→ 真值得一看！   → 我真为你骄傲！

→ 真聪明！

→ 太酷了！

→ 是的，就是这样！

→ 我简直太高兴了！

→ 真好！

→ 棒极了！

→ 你应该为自己感到骄傲！

→ 正确！

→ 不错！

→ 太好了！

→ 你会魔法吧！

→ 一级棒！

→ 真是专业啊！

→ 大获成功！

→ 真让人惊讶！

→ 人间美味！

→ 继续加油！

→ 真是好极了！

表扬给人勇气

3

增强自我调节
能力

| 保持恰当兴奋度，多动的
孩子静下来，头脑更清醒 |

—— 目标 ——

你的目标是让孩子的自我调节能力更强，变得更加安静或者更加清醒。

- 让孩子变得更安静，不再躁动不安。

- 让孩子的兴奋水平能够适应不同的情境。

- 学习简单的技巧，让孩子变得更加安静或者更加清醒。

- 通过简单的练习，让孩子立刻变得更清醒，注意力更加集中。

　　有注意力问题的孩子自我控制能力较弱，调节中枢神经兴奋水平的能力不足，他们的大脑难以对每项任务、每个行为产生所需的最佳兴奋状态。他们要么中枢神经过度抑制，要么中枢神经过度兴奋，要么处于摇摆不定的状态中。

　　那些异常安静、动作缓慢的孩子，他们的中枢神经激活能力较弱。他们反应迟钝，需要花费大量时间开始及完成一件事情，而且效率低下，无法在规定的时间内完成任务。这些孩子常常进入一种躁动不安的状态，比如不停地抖动手脚、不停地对某个物品重复毫无意义的动作（如不停地玩橡皮），以此来弥补较弱的中枢神经激活能力及调节中枢神经的兴奋程度，但这些行为往往徒劳无功。

　　那些过于好动、吵闹不安的孩子则可能处于中枢神经过度兴奋的状态。他们很难自我控制，让自己的兴奋水平适应不同的情境。因此，很有必要让这些孩子了解自己的兴奋状况，并向他们传授一定的技巧，使他们学会自我控制，让自己的兴奋水平能够适应每一种情境和每一项任务。

📋 马达法

为了让孩子对自己的兴奋水平有更清晰的了解，我们推荐使用"马达法"。这个方法能够让孩子明白，不同人的"马达"（兴奋状态）不同，有的人较强，有的人较弱。

借助转速表让孩子知道，我们内心的"马达"可以在较低（1）、平均（5）和较高（10）的水平上运转。

向孩子解释，在生活中，针对不同的任务或者活动，需要启动不同的转速。比如入睡以后，"马达"转速调整为1即可；做家庭作业时，就需要调高"马达"转速，1的转速就太低了。这样，孩子就能明白，我们需要以相对应的转速来完成不同的任务。

日常指导

- 和孩子一起做一个转速表（附页中提供了可供剪裁的模板）。

- 与孩子共同思考，各种活动分别需要什么样的转速（如起床、吃早饭、和小朋友玩耍、休息、上课、运动、做作业、游戏、玩电脑、吃晚饭、上床睡觉等）。

- 把转速表应用到日常生活中。

- 说出你自己进行每一项活动所需的"马达"转速。

- 与孩子一起观察其他人的"马达"转速（如街上的行人、亲朋好友、电视剧里的人物等）。

转速表

"静下来"或"变清醒"技巧

所有人都希望能通过某种方式将自己的兴奋水平调节到最佳状态，如很多人用嚼口香糖、吸烟、吃东西、喝咖啡和运动的方式来使自己更加安静、注意力更集中、头脑更清醒等。这些策略（常常是无意识的）有时候颇见成效，有时候却是徒劳。如果孩子长期在课堂上坐立不安，在椅子上动来动去，那他一定无法集中注意力，成绩也会受到影响。此外，老师和其他同学也会受到他的干扰。

在孩子对马达法有所理解，并能够通过马达法正确地了解自己的兴奋水平之后，你还可以与他一起思考：有哪些方法可以让人变得安静或清醒，从而使人在每项任务中达到适当的中枢神经兴奋状态。

"静下来"技巧

如果孩子过于兴奋、不安或者好动（"马达"转速较高），那么"静下来"技巧可以帮助其更好地自我控制和调节。

你可以与孩子一起尝试，看哪些方法对他有效。在此过程中，你要一直使用马达法、转速表以及附页中可供剪裁的模板。

"变清醒"技巧

如果孩子的"马达"转速过低，长期处于疲倦困顿、拖沓无趣的状态，那么"变清醒"技巧可以帮助其更好地自我控制和调节。

你可以与孩子一起尝试，看哪些方法对他有效。在此过程中，你要一直使用马达法、转速表以及附页中可供剪裁的模板。

"静下来"技巧

- 将灯光调暗。

- 小声播放轻松的音乐。

- 划出一定的空间范围。

- 家长使用稳定、安静、非情绪化的声音。

- 做一些肌肉承重练习（拉动或者推动重物）。

- 给头部施加压力（如头部按摩）。

- 拍打身体。

- 放慢速度。

- 缓慢摇摆身体。

- 注意力训练（见第64页）。

- 对准中心训练（见第68页）。

- 腹式深呼吸。

- 从10开始倒数并进行腹式深呼吸。

- 暂停并休息。

- 念格言，如"静中有力""静心如

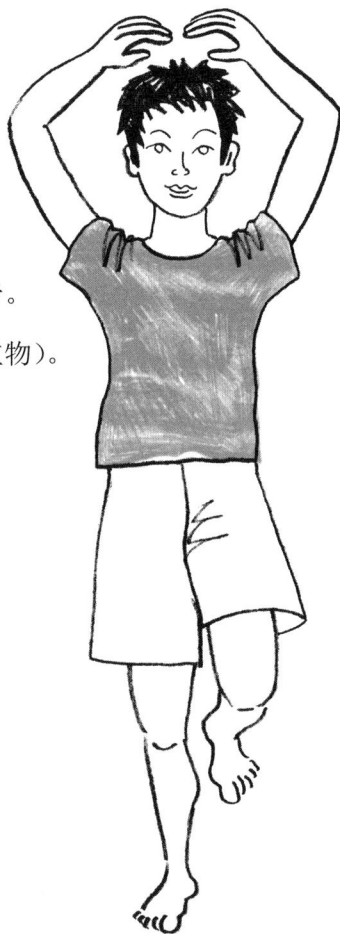

像树一样站着使人安静

意""集中精力,一切顺利""心静自然凉"。

– 喝冷水。

– 含冰块。

– 嚼口香糖。

– 意念游戏:将注意力集中于听、看、吃和触摸中的任一感官通道。
如嘴里含一颗小熊糖,将注意力集中在小熊糖上。

– 使用附页中可供剪裁的模板。

学校(幼儿园)日常指导

– 让孩子尝试不同的"静下来"技巧,并从中找到最有效的一种。

– 让孩子把最有效的技巧画在卡片上。

– 鼓励孩子在好动不安的时候主动使用这些技巧。

"变清醒"技巧

时间压力使人清醒

- 将灯光调亮。

- 大声播放富有节奏的音乐。

- 自己制造吵闹声（吹哨子、唱歌、拍掌等）。

- 划出可供运动的空间。

- 家长提高声音，大声说话，不断调节说话音量。

- 给予孩子一种强刺激。

- 加快动作。

- 以较快的速度频繁改变位置（躺下、坐下、站起、跑动、停下来）。

- 做一些肌肉承重练习（拉动或者推动重物）。

- 剧烈摇摆身体、转动（注意不要超出身体承受范围）。

- 注意力训练（见第64页），速度适中。

- 念格言，如"像水中鱼儿般保持活力和清醒"（见第66页）。

- 喝冷水。

- 含冰块。

- 食用酸味食物。

学校（幼儿园）日常指导

- 让孩子们尝试不同的"变清醒"技巧。

- 让孩子找到最有效的一种"变清醒"技巧。

- 让孩子把最有效的技巧画在卡片上。

- 鼓励孩子在对某事提不起精神或者动作缓慢时主动使用这些技巧。

- 使用附页中可供剪裁的模板。

保持肌肉紧张度和日常运动技巧

你是否发现你的孩子在坐着的时候异常烦躁、不停地晃动、很容易走神；或者很快就显得疲乏无力，身体变得软绵绵的，需要支撑？

肌肉紧张度由平衡感（内耳前庭系统）、肌肉和关节的运动感觉（本体感觉）共同控制。良好的肌肉紧张度可以使人体保持直立的姿势（使头部和大脑受到安全保护），同时也为进行一定量的目标明确的活动做好准备。

如果孩子的肌肉紧张度不够，可能使孩子的中枢神经系统不能够保持一定程度的兴奋，因此，孩子必须通过身体的不停运动才能使大脑不断地对信息进行加工，以此保持清醒。一旦运动停止，孩子就会再次变得疲乏无力。由于孩子的精力都集中于如何保持意识的清醒，从而分散了他们对任务的注意力。尤其是在冬季，孩子的户外活动减少，他们更容易多动不安、注意力不集中。所以，一个很重要的原则是：走出去，动起来吧！

为了让孩子尽可能地保持足够的肌肉紧张度和中枢神经系统兴奋程度，你可以将身体活动纳入日常安排中，为孩子提供多种方法来帮助他们。

信息提示

肌肉紧张度与中枢神经兴奋程度互相对应。

◎ 肌肉松弛，动作无力=中枢神经抑制。

◎ 肌肉紧张，动作有力=中枢神经兴奋。

下列方法有助于锻炼肌肉紧张度。

◎ 承重的肌肉训练。

◎ 按压和拉伸关节。

◎ 减小支撑面，保持身体挺直。

◎ 进行有目标的协调性运动。

日常指导

- 让孩子经常采用站立的姿势做事。

- 注意使孩子坐姿直立（坐在椅面倾斜的椅子上，见第60页及附页可供剪裁的模板）。

- 鼓励孩子定期参加运动（如加入体育协会）。

- 给孩子布置较重的肌肉运动任务：让孩子推拉物品，如超市购物车、带轮的箱子和手推车；和孩子一起搬床；让孩子用吸尘器打扫卫生并移动家具；让孩子参与修整花园的体力劳动。

- 提供丰富多彩的运动：蹦床、跳橡皮筋、跳绳、拔河。

- 耐力运动，如慢跑、骑车、游泳、滑冰、徒步行走等可以提高注意力。

- 游戏时使用一定的方法，使孩子的活动目标明确清晰，如单脚跳起来触摸天窗或者避免踩到铺路石边缘。

- 在家也可以使用一些游戏的方式，如推着手推车前进。

- 限制孩子接触电子产品。

学校（幼儿园）日常指导

- 督促孩子活动起来，尤其在进行特别费脑力的活动之前，或者在需要长时间坐着之前。

- 开展注意力训练（见第64页）。

- 让孩子采用站立的姿势做事。

- 使用附页中合适的可供剪裁的模板。

直立及站姿、坐姿技巧

适当的肌肉紧张度可以促使中枢神经保持兴奋，并由此提高注意力。身体的大肌肉群和支撑肌肉（背肌、腹肌和腿部肌肉）必须维持一定的紧张度，才能使人体在重力作用下保持笔直的姿势。肌肉的支撑力量越强，站立时就越不费力，手臂和手也能更好地作为"工具"而自由地运动。

若身体的支撑面较小，则身体将自动保持直立，这时，身体无法借助其他外在助力或者支撑。通过这种方法，可以激活大肌肉群，兴奋中枢神经。正因如此，站立因其支撑面（只有脚接触地面）较小而成为主动直立和激活支撑肌肉的好方法。

由于孩子在大多数情况下都是坐着进行特别费脑力的活动（比如在学校里上课或者做作业），因此，保持笔直的坐姿尤为重要。

日常指导

- 让孩子经常采用站立的姿势玩耍和做事。

- 在房间里放置一张适合采用站姿玩耍的游戏桌（保持桌面大约与肚脐持平）。

坐在椅面倾斜的椅子上

→ 尽可能坐在楔形坐垫上。

→ 在椅子前端入座（支撑面窄小）。

→ 大腿自然倾斜。

→ 腹部靠近桌沿。

→ 脚部保持负重感，紧紧贴在地板上。

→ 前臂2/3处放于桌面上。

→ 挺直背部。

- 必须注意桌子和椅子的高度要合适。椅子的高度应以孩子入座后脚能够触及地面为宜，同时大腿能够自然倾斜。

- 孩子入座以后，前臂轻放在桌子上方，肩部放松，呈下垂状。

学校（幼儿园）日常指导

－必须注意桌子和椅子的高度要合适。椅子的高度应以孩子入座后脚能够触及地面为宜，同时大腿能够自然倾斜。

－孩子入座以后，前臂轻放在桌子上方，肩部放松，呈下垂状。

－注意有意识地不断变换坐姿。坐在椅面倾斜的椅子上写作业，站起

坐在椅面倾斜的椅子上

来朗读或者靠在椅背上放松地朗读。可以坐在椅子上，也可以坐在地板上。

- 准备不同的坐垫、座椅和站立时使用的工作台等。

- 借助附页中可供剪裁的模板，提醒孩子以正确的姿势坐在椅面倾斜的椅子上。

AZAZ原则

为保持中枢神经系统的活跃程度，增强自控能力，改善孩子的学习能力，应遵照以下与感觉运动功能相关的AZAZ原则。

日常生活中，要特别注意让孩子在日常活动、运动、玩耍和做作业时遵循AZAZ原则！

信息提示

AZAZ原则

◎ 直立（Aufrichtung）。

◎ 对准中心（Zentrierung）。

◎ 合适的速度（angemessenes Tempo）。

◎ 准确的目标（Zielgenauigkeit）。

注：以上所列单词均为德语单词。

日常指导

- 注意让孩子采用直立的姿势做作业或者活动。

- 如果孩子必须认真完成某一项任务时，应该进行集中性注意力训练。训练单个感官的方式是一种很好的方法（如意念游戏，只对孩子的听觉、视觉、触觉、味觉、嗅觉中的某一项有所要求）。

- 注意让孩子保持适当的活动速度：过度兴奋时让速度慢下来，过度抑制时加快速度。

- 给孩子布置速度适中的任务和游戏。

- 给孩子布置具有较强目的性、锻炼其精准活动能力的任务和游戏。

学校（幼儿园）日常指导

- 引入包含AZAZ原则的活动，尤其在进行耗费脑力的活动之前，或者在需要长时间坐着之前。

- 采用注意力训练。

注意力训练

简单便捷的注意力训练可以提高大脑的活跃度，明显改善注意力不集中的情况。注意力训练（见第64页）可以训练孩子集中注意力、仔细观看以及协调精准活动的能力，尤其是在一些需要手眼并用的精准活动中。除改善肌肉紧张度及协调性以外，孩子还可以通过注意力训练学会调节中枢神经兴奋水平，以确保不走神，并将注意力更好地集中于某项任务上。

学校（幼儿园）日常指导

在日常生活中不断引入**注意力训练，**尤其当孩子在进行耗费脑力的活动之前，或者在需要长时间坐着之前，也可以在孩子显得疲乏、无精打采或者动作拖沓时进行。

你也可以使用附页中可供剪裁模板中的"注意力训练"模板。

注意力训练

注意力训练效果显著

- 木偶人（见附页可供剪裁的模板）。

- 交叉训练，如双膝交叉（抬左腿，用右手去碰左膝盖，再抬右腿，用左手去碰右膝盖，反复）。

- 跳绳。

- 抛接训练，如使用1～2个小袋子或者小球练习抛接。

- 用小袋子或者小球耍杂技。

- 鼓励孩子在开始做作业或者进行耗费脑力的活动之前进行注意力训练。

1 2

1为起始动作，听到命令后跳一下，变成动作2，反复

注意力训练：木偶人

对准中心训练

对准中心的意思是将精力集中于自己的身体、意念以及正在进行的动作上。对准中心训练即指孩子在保持静立的姿势时，脚部以较小的面积接触地面，努力挺直身体（如单腿站立），以保持平衡和安静。

在此过程中，孩子将学习控制注意力，并把注意力只放在一项任务上，这也促进了集中注意力能力的提升。

除了对身体进行对准中心训练外，还可以以格言的形式在精神上进行此项训练，因为格言能将身体和精神统一起来。格言参考如下。

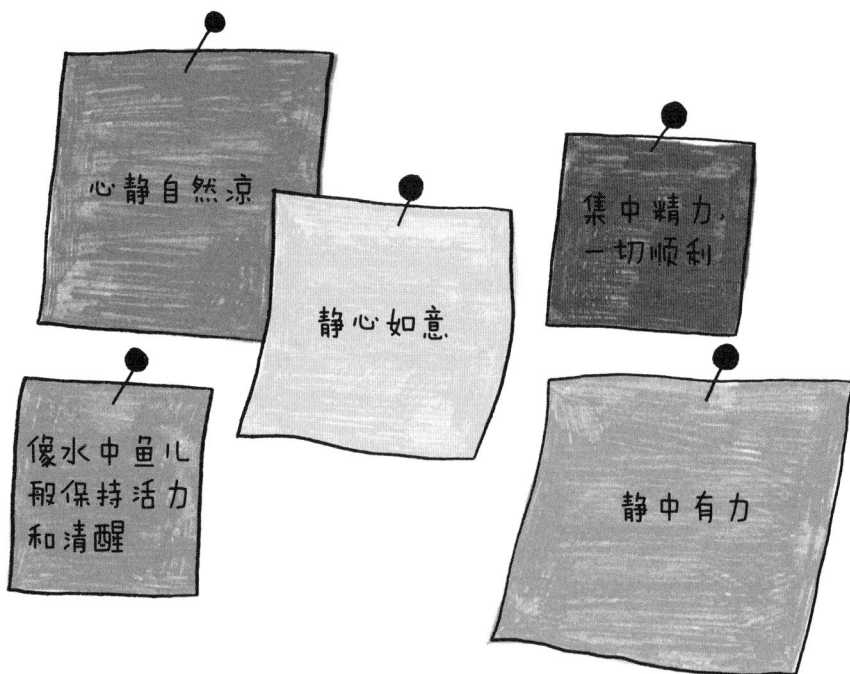

以格言的形式进行精神训练

→ 静中有力。

→ 集中精力，一切顺利。

→ 静心如意。

→ 心静自然凉。

→ 像水中鱼儿般保持活力和清醒。

你可以在附页中找到相应的模板。

对准中心训练

对准中心训练效果显著

→ 像蜡烛一般站立（可以站在凳子上）。

→ 像树一般站立（可以站在凳子上）。

→ 树上的鸟窝（可以站在凳子上）。

- 鼓励孩子在注意力训练之后，在开始做作业或者在进行耗费脑力的活动之前，进行对准中心训练。

- 鼓励孩子在好动不安和过度兴奋的时候尝试这种训练。

- 你也可以使用附页中可供剪裁的"对准中心训练"模板。

- 瑜伽是一种很有效的对准中心训练方式！

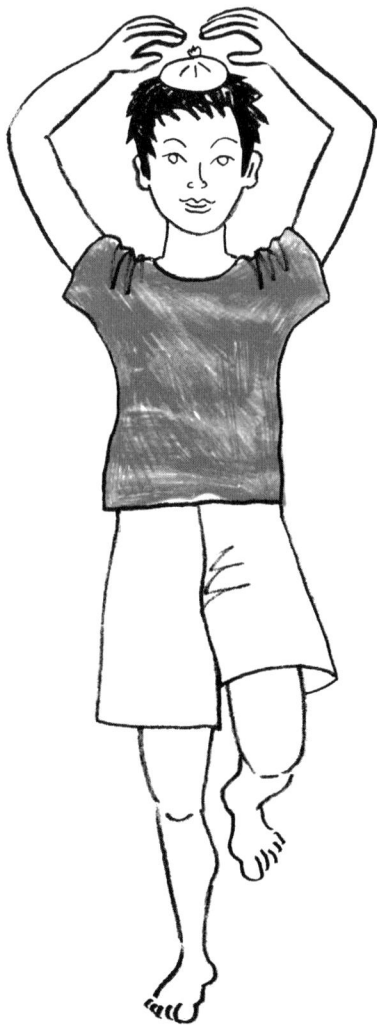

对准中心训练：树上的鸟窝

学校（幼儿园）日常指导

在日常生活中不断引入对准中心训练，尤其在孩子结束活动准备休息时，在进行耗费脑力的活动之前，在需要长时间坐着之前，或者在其他孩子好动喧闹时进行。

信息提示

进行训练时可以让孩子站在凳子上，这样能有效地避免运动时的不安，明显提高孩子的清醒程度！进行此项训练时家长务必做好安全保护措施。

4

提升注意力
控制力

学会集中和分配注意力，轻松胜任单
项和多项任务，做事仔细、少犯错

—— 目标 ——

你的目标是改善孩子的注意力控制能力。

– 孩子聚精会神地做某项任务。

– 孩子更加听话。

– 孩子做事仔细，少犯错。

– 孩子的注意力能更好地停留在一项任务上，不容易走神。

– 孩子能同时处理多项任务。

有注意力问题的孩子通常很容易走神，难以长时间地将注意力停留于某一个行为或者某一件事情上。他们做事时注意力不集中且容易出错。这些孩子的主要问题是注意力控制能力较弱。

注意力控制能力由集中性注意力和分配性注意力构成。孩子缺乏集中性注意力时表现为对单项任务的注意力不集中、容易走神，很难持续做一件事情。对于分配性注意力缺乏的孩子来说，他们很难同时处理多项任务。

下面的技巧有助于训练及改善注意力控制能力。

提高基础能力练习

集中性注意力首先要求孩子具备听、看和控制注意力等基础能力，即孩子能清楚地听到、看到自己的任务和行为，控制自己注意力的分配。

信息提示

要做到注意力集中、少犯错误，孩子需要做到以下几点。

◎ 清楚地听到自己现在要做什么、接下来要做什么。

◎ 清楚地看到自己现在要做的和接下来要做的（不看其他事情、
不使注意力转移）。

◎ 正确地控制已经做过的事情。

日常指导

－给孩子布置合适的游戏，这些游戏能够让孩子准确地听到或者看到
自己的任务。

－要求孩子能够清楚地听到自己的任务。

－让孩子重复自己听到了什么。

－要求孩子用眼睛注视自己当前的行为。

－询问孩子刚才看到了什么。

－让孩子回忆注意力控制过程并要求其自我监督。

－不断地给孩子布置紧张有趣的游戏或者任务。游戏或者任务的内容
应该能够吸引孩子的注意力，并使孩子学会控制注意力，将注意力停留在
一件事情上。

学校（幼儿园）日常指导

- 告诉孩子有关基础能力的技巧。

- 让孩子把这些技巧画在卡片上。

- 在课堂上使用这些卡片，有需要时高高举起卡片。

- 使用附页中可供剪裁的"行为组织技巧"模板。

📋 防止走神

日常生活中［主要是在学校（幼儿园）里］，有注意力问题的孩子非常容易走神、好动喧闹，因此，防止走神对他们尤为重要。孩子必须学会不受外界的干扰和刺激，面对干扰时仍能集中注意力。

日常指导

给孩子布置游戏或任务，在此期间你尝试干扰孩子或者转移他们的注意力（如说话、大声喊叫、鼓掌、争吵、讲笑话等）。如果孩子从游戏或者正在做的事情中转移了注意力，则你得到1分；如果孩子未走神，他可以每分钟获得1分。谁获得的分数最多，谁就是胜利者。

学校（幼儿园）日常指导

- 与孩子讨论有哪些防止走神的技巧。

- 给孩子布置游戏或任务，在此期间你尝试干扰孩子或者转移他们的注意力（如说话、大声喊叫、鼓掌、争吵、讲笑话等）。

- 将孩子分为两组。哪一组中有孩子从游戏或者正在做的事情中转移了注意力，则另一组得1分。哪一组获得分数多，哪一组就获胜。

分配性注意力练习

日常生活中的很多任务和活动对我们的分配性注意力都提出了要求，比如学校里的听写，学生们必须仔细倾听老师的朗读，同时注意书写正确并且书写规整，此外，学生还必须安静地坐着（而非从椅子上滑下来）。他们需要合理分配注意力，以使自己顺利完成听写！

日常指导

给孩子布置游戏或任务，要求孩子同时做几件事（如边听边画、边听边数字数等）。

学校（幼儿园）日常指导

- 与孩子讨论注意力分配的技巧。

- 给孩子布置游戏或任务，要求孩子同时做几件事。

5

提升任务完成能力和规则遵守能力

建立规则，确定奖励和后果，
提高任务完成度

── 目标 ──

你的目标是帮助孩子履行责任和完成任务。

– 轻松有效地克服日常生活中的问题。

– 孩子能够更好地遵守规则和约定。

– 孩子有自信且能顺利地履行责任、完成任务。

注意力不集中的孩子很难遵守规则。通常情况下，他们内心具有强烈的意愿，并且也很清楚规则和约定所具有的积极意义，但他们总会受到一定的干扰，导致无法遵守规则，也难以完成较难的任务。他们缺乏一定程度的注意力控制能力。

发现孩子出现上述问题时，家长可能会一筹莫展，有时候还会提高对孩子的要求，使孩子的精神变得紧张、敏感，更有甚者，使孩子产生暴力倾向。

面对此种情况，孩子和家长往往都承受着不小的心理压力。

这里介绍一些避免上述恶性循环的有效技巧以供参考。

发出指令

在日常生活中，与孩子接触时，你可能常常会向孩子提出要求，并期望他能够做到。如果你能进行批判式的反思，那一定会注意到自己频繁地使用了命令的口吻，如"做你的作业去""把鞋穿上""快点"，等等。

你该如何发出指令并让孩子按照你的指令去做呢？你必须自己先弄清楚对孩子的要求是什么。模糊的指令只会让孩子不确定你到底期望他做什么，**清晰的指令**则会让孩子安心并且行动时有明确的目标。决定孩子是否能够遵照指令行动的重要因素是你发出指令的时间。孩子也有权利拒绝干扰，在他们正从事某项活动、玩得正开心时，很难执行你发出的指令。你应该找到**恰当的时间点**来发出指令，同时，你也必须先评估，该指令是否符合孩子目前的发展状况。

🔍 **信息提示**

检验指令的5K原则

◎ 交流（Kontakt）。

◎ 简短（kurz）。

◎ 清晰（klar）。

◎ 连贯（konsequent）。

◎ 监督（Kontrolle）。

注：以上所列单词均为德语单词。

日常指导

- 建立眼神及身体交流。

- 借助肢体语言，将指令表达得清楚明白。

- 友善、准确地指明方向。

- 使用简短、清楚的句子发出指令，指令中只包含一个要求。

- 指令中应明确说出希望孩子做出什么行为。

- 让孩子自己重复指令。

- 不要立即反驳孩子，耐心等待，不要与孩子争吵。

建立规则

每一个家庭、幼儿园小组或者班集体都是一支队伍，只有所有成员都善于倾听、彼此尊重、互相关爱，这支队伍才能正常运作。要保证集体生活的和谐，需要每位成员都明确并遵守集体的共同规则。这些规则为所有人指明方向并改善集体氛围。

日常指导

规则使日常生活井然有序，也可以改善家庭成员之间的关系。当你制定规则时，以下原则尤为重要。

→ 与所有家庭成员或小组成员共同制定一些严格的规则。

→ 规则要能准确反映你的期待，并尽量以积极的语言加以描述。

→ 与孩子谈论规则，把它们写下来或者画下来。

→ 将规则挂在醒目的位置。

- 如有需要，你可以使用第84页的"家庭协议"以及附页中的模板。

- 与孩子达成协议，在协议中写明规则及应承担的后果。协议双方必须在协议书上签字，这会产生更为严格的约束力，孩子也会因此认识到这是一件严肃的事。

- 规则应该持续有效。

有时候遵守规则并不是一件容易的事，所以以下几点必须做到。

→ 讨论及强调不守规则可能导致的后果。

→ 将后果与规则有逻辑地联系起来,尽量严格遵守。

→ 你与孩子一起坚持遵守规则。

→ 在对不守规则的行为进行处理时,保持客观而不带负面情绪。

下面所列举的规则有助于建立和谐的家庭氛围。你只需找出当下对孩子和家庭来说最有意义的规则来实践。同样的规则你可以在第85页和附页模板中找到。

全家适用的规则

- 我们彼此关系友好。

- 我们互相帮助。

- 我们乐于分享。

- 我们谨慎行事。

- 我们一起进餐,比如晚上7点共进晚餐。

- 当我们遇到困难、烦恼、忧愁或者问题,要第一时间告诉彼此。

- 我们要知道其他家人的忍耐极限是什么。如果自己受不了某事,也要表达出来。

- 如果发生争吵,要在上床睡觉之前消除矛盾。

- 我们每周相约一次(比如周日晚上),聊聊本周过得怎么样,什么事做得不错,下一周应该或必须把什么事做得更好,下一周或下一次日程安排的计划是什么。

适用于孩子的规则

- 我是一个待人友好的人。

- 我自己活动时不影响其他人。

- 我能安静地坐10分钟。

- 早上7点半我就能洗漱完毕，准时开始吃早餐。

- 我善于倾听。

- 我能聚精会神地注视某物。

- 我要在45分钟以内完成家庭作业。

- 我知道别人及自己的忍耐极限是什么（比如当自己受不了某事或者自己不赞同某事的时候）。

- 玩耍之前我会先完成自己的作业。

- 在我开始一项新的活动或游戏之前，先把物品放回原处。

- 我应该在晚上9点半之前完成睡觉前的准备工作。

学校（幼儿园）日常指导

与全班谈论制定的规则。如有需要，你可以使用第86页的"班级协议"以及附页中的模板。

下面是一些适用于人数较多的小组的规则。找出对于班级最有意义和最重要的规则。

- 我们彼此关系友好。

- 我们互相支持和帮助。

- 我们活动时不影响其他人。

- 我们交谈时眼睛注视着对方。

- 我们互相倾听。

- 我们耐心地等待轮到自己。

- 我们做事专注，不轻易走神。

- 我们使用东西时要小心。

- 我们不回避矛盾，并一起寻找解决办法（比如在每周五的第二节课上）。

家庭协议

我们的规则

1.我们友好地相处，互相尊敬。

2.我们互相支持和帮助。

3.我们使用东西时要小心。

4.这个时间点我们一定一起吃

饭：_____。

5.我们观察别人的忍耐极限，并时刻注意。

6.当我们遇到困难、烦恼、忧愁或者问题时要互相倾诉。

7.我们相约每周去一次家庭咨询中心并且聊聊本周过得怎么样、什么事做得不错，下一周应该或必须把什么事做得更好，下一周或下一个日程安排的计划是什么。

我接受上述协议并承诺遵守它们。

地点、时间_____

家庭成员签名_____

_____

我的规则

我同意 此项规则 ✓	规则		我遵守了 此项规则 ✓
		我在规定时间内完成要做的事情	
		我待人友好	
		我善于倾听	
		我聚精会神地注视某物	
		我活动时不影响其他人	
		我安静地坐着	
		我观察别人的忍耐极限，并时刻注意	
		我先完成作业再玩耍	
		我按时完成作业	
		我在开始一项新的活动或游戏之前， 先把物品放回原处	
		我按时上床睡觉	

班级协议

我们的规则

1. 我们友好地相处，互相尊敬。

2. 我们互相支持和帮助。

3. 我们交谈时眼睛注视着对方。

4. 我们互相倾听。

5. 我们耐心地等待轮到自己。

6. 我们做事专注，不轻易走神。

7. 我们使用东西时要小心。

8. 我们不回避矛盾，并一起寻找解决办法（比如在每周五的第二节课上）。

9. 如果我们不遵守这些规定，则全班相约一起去班级咨询中心。

10. 发生暴力冲突时要直接通知家长。

我接受上述协议并承诺遵守它们。

地点、时间＿＿＿＿＿＿＿＿＿＿＿＿＿＿＿＿＿＿＿＿＿＿＿

班级成员签名＿＿＿＿＿＿＿＿＿＿＿＿＿＿＿＿＿＿＿＿＿

＿＿＿＿＿＿＿＿＿＿＿＿＿＿＿＿＿＿＿＿＿＿＿＿＿

分数计划

尽管已经签订协议，但孩子有时候还是很难遵守这些协议或者圆满完成任务。如果关注、认可和表扬的效果不够明显，可以试试系统性的分数计划——一个特别有效的行为管理方法。在此过程中，只要孩子完成了既定目标、任务或采取了正确的行为方式，就可以得到应有的分数，相应的分数可以兑换成相应的奖励。

尤其要注意的是，奖励必须能够带给孩子真正的乐趣。也就是说，要让孩子感觉到获得奖励是一件美好的事情，并值得为之努力。如此，通过大脑中特定的神经生物过程的激活，孩子的积极性增强，就有强烈的意愿为达到目标而努力。当然，奖励也应该适度且实际。

有实际意义的奖励

- 具有积极意义的共同活动，如一起玩耍、共享一顿美味大餐、亲子阅读、郊游、看电影、一起享受闲暇时光等。

- 物质奖励：小件玩具，或者可以由小部件逐步拼装的大件玩具，其他物品（如玩具汽车、玩偶、球、拼图、乐高或者可拼装的机器人，以及商品兑换卡、零花钱、孩子心仪的衣服等）。

- 免除某项义务。

如果孩子自己制定一份愿望清单，则能产生更好的刺激效果。你在附页中可以找到与此相关的空白模板。

一定要权衡之后与孩子商定，得多少分才能获得奖励。最开始时，应该让孩子比较容易就能获得分数并兑换奖品，这样，才不会使孩子和家长产生气馁的情绪，也能增强孩子完成任务的信心。

分数计划的作用

该计划还有一个积极的作用，即让孩子进一步明确自己应该完成的任务和该采取的行为方式。孩子由此能够得到清晰客观的指示，自己应该做出哪些具体行为。在此过程中，孩子会意识到，并不是自己"这个人"有错，而只是自己的单个行为或者行为方式有问题。家长也可以与孩子一起制订计划，如果效果不佳，也并非孩子的责任，而只是计划不够完善。分数计划也可以缓和、改善家长与孩子之间的关系。家长不必反复督促、提醒孩子履行义务，只需要提醒孩子注意计划并强调奖励原则，如果孩子未能完成任务或者行动拖沓，就是孩子自己的问题，必须由孩子自己忍受及承担后果（不能获得奖励）。

根据经验，该计划只有得到正确实施，且家长坚持每日监督并重视孩子的单项任务时，才能产生一定的效果。

关于分数，对整个班级来说，它是获得奖励的依据，能够鼓励孩子完成自己的任务或者目标。

分数计划的其他替代形式

也可以使用其他形式代替分数，比如石头、贴纸、玻璃球等。孩子完成任务或者表现较好时，就往玻璃杯里投一个玻璃球，当玻璃杯装满后，孩子就可以兑换相应的奖品。

与获得奖励相比，此项计划可以明显增强孩子为实现目标而努力的意愿和动机。在这个过程中，孩子提高完成某项任务的能力或者养成某种良好的行为方式，才是最大的成功，这时，便可以（且必须）逐步淡化奖励机制。当孩子有能力完成任务并获得认可时，他也不会过于看重奖励。

信息提示

以下是代替书面分数计划的常用形式。

◎ 分数。

◎ 打叉。

◎ 打钩。

◎ 笑脸。

◎ 贴纸。

◎ 印章。

日常指导

家长应该着重考虑，目前需要孩子先改正哪些**不受欢迎的行为**，特别是一些存在问题的、承受着较大压力的行为。以下是一些典型的例子。

→ 孩子起床困难，需要不断提醒。

→ 孩子早上穿衣和洗漱时动作磨蹭。

→ 孩子吃早饭时动作磨蹭。

→ 孩子在上学路上磨蹭。

→ 孩子不能将自己的物品放在相应的地方。

→ 孩子吃饭时好动不安。

→ 孩子非常吵闹。

→ 孩子不能耐心地等待轮到自己，并且不停地说话。

→ 孩子喜欢在做某件事或者做作业时不断地说话。

→ 完成作业对孩子来说是一件压力很大的事情，也需要花费较长时间。

→ 孩子上床睡觉时要要许多小花招。

- 为保证分数计划有效，每次应选择不超过3种问题行为，进行针对性地解决！

- 家长与孩子在轻松、理智的氛围中一起商讨约定。

商讨约定时，家长要与孩子一起仔细思考，孩子应该完成哪些任务或者应该用什么样的行为取代那些不受欢迎的行为，这样计划才能够执行下去。下列是一些可供参考的目标。

→ 我在闹钟响后的10分钟以内走进浴室。

→ 30分钟后，我要完成早晨的洗漱工作。

→ 20分钟后，我要吃完早餐，准备出发。

→ 我要在10分钟以内到达学校。

→ 我要将物品立即归回原位。

→ 吃饭时，我能安静地坐10分钟。

→ 有客人来访、吃饭时，我能轻声地玩耍。

→ 我能耐心地等待别人把话说完，直至轮到我。

→ 我能独立自信地完成作业（不与他人讨论）。

→ 我能在45分钟之内完成作业。

→ 我在晚上8点上床，躺在床上，表现良好（不耍花招）。

- 为鼓励孩子实现目标，你应该考虑有哪些替代形式的奖励以及孩子需要得到多少分。也可以思考一下，完成单个目标或者任务可以获得多少分（见第94页和附页中的"我的检查清单""我的愿望清单"模板）。

- 和孩子签订一份协议：要把最希望孩子完成、可以进行检验的任务或者行为目标（最多3项）尽可能详细地写下来。为避免失败，一定要注意，孩子本身应具备完成这些任务的能力！

- 为确保能够顺利进行检验，应具体写出在质量和数量上对目标或者任务的要求（做什么、何时、多长时间、什么频率等）。不要期待事事完美，而应该注意孩子每周完成了多少目标（完成50%～75%已经算是很好的情况）。

- 要把协议或分数计划写下来（如果孩子年龄较小，可以画下来），并挂在经常出入的地方（厨房、儿童房或卫生间）。

- 应该及时记录分数。在固定的时间（如晚饭后）与孩子简短谈论目前的得分情况。共同思考，看孩子是否需要帮助以完成目标，这也很有意义。

学校（幼儿园）日常指导

- 如果教育工作者能在一定时间内加强对于孩子的关注和监督，那么，分数计划在幼儿园和中小学也同样具有积极的意义。如果教师对于分数计划的应用已经得心应手，他们就会经常使用此方法，而孩子对此也会慢慢适应并从中受益。

- 分数计划同样适用于人数较多的小组，并可以采取竞赛的方式展开（如将班上的学生分为两组）。

如果个人或者小组达到一定的分数，就可以获得有**意义的奖励**。奖励可以是以下所列举的。

→ 朗读、运动、做最受欢迎的游戏、延长课间休息时间、获得最受欢迎的早餐、猜谜、郊游、减少家庭作业。

→ 对于人数较多的小组或者班级可以采取其他形式来计分，比如玻璃球、贴纸、小红花等。当小组成员完成任务或者表现较好时，就往玻璃杯里投一个玻璃球，当玻璃杯装满后，小组成员就可以获得相应的奖励。

约定好的目标、任务或者行为方式应该以书面的形式记录下来。如果孩子年龄较小，也可以采用绘画或者其他生动形象的形式。以下是适合幼儿园和中小学的目标。

→ 我要将物品立即归回原位。

→ 我要在5分钟之内换好衣服。

→ 我能耐心地等待别人把话说完，直至轮到我。

→ 我遵守课堂发言规则，举手发言。

→ 我待人友好诚恳。

→ 我尊重师长，对他们友好。

→ 我能一直坐在自己的位置上。

→ 我在小组中表现积极并专心致志。

→ 我在课堂上表现积极，经常举手发言。

→ 我专心地紧跟课堂节奏，不扰乱课堂秩序。

→ 我认真听讲。

→ 我聚精会神地注视某物。

→ 我友好地询问别人是否愿意和我一起玩耍。

→ 有争执或冲突发生时，我向家长寻求帮助。

→ 课间休息时，我与其他人和睦相处，避免冲突。

- 你可以在第95页看到分数计划的例子。

我的愿望清单

我的愿望	我需要获得的分数
妈妈或者爸爸在睡觉之前的15分钟能陪我玩一个我想玩的游戏	9
妈妈或者爸爸在睡觉之前的30分钟能陪我玩一个我想玩的游戏	12
周六能多玩1小时再睡觉	40
吃快餐	50
打保龄球或者看电影	60
按照我的选择去郊游	180

我的检查清单

序号	自我提醒	星期一	星期二	星期三	星期四	星期五	星期六	星期日	单项得分
1	将夹克衫、书包、饼干盒、水杯放回原处								
2	家庭作业在20点之前完成								
3	晚上刷牙3分钟								
	总分								

"物归原处"协议

1.要得到 ☺ ☺ ☺ ☺，我必须在睡觉之前把自己的夹克衫、书包、饼干盒以及水杯放回它们应该在的位置。

2.要得到 ☺ ☺ ☺ ☺，我必须在睡觉之前整理好书包，以便第二天使用。

3.要得到 ☺ ☺ ☺，我必须在睡觉以前将房间通往床的过道以及书桌清理干净。

4.兑换分数。

同一天的奖励

9☺：妈妈或者爸爸在晚上睡觉前陪我玩15分钟游戏，游戏类型由我来选择。

12☺：妈妈或者爸爸在晚上睡觉前陪我玩30分钟游戏，游戏类型由我来选择。

周末奖励

60☺：打保龄球或者看电影。

50☺：吃快餐。

40☺：周六晚上可以多玩1小时再上床睡觉。

月奖励

230～240 ☺：增加100元零花钱。

180～229 ☺：按照我的选择去郊游。

120～179 ☺：周末和朋友出去玩。

我接受上述协议并承诺遵守它们。

地点、时间_____

孩子签名_____

家长签名_____

＿＿＿＿＿＿ 的在校检查清单

序号	是否完成? 非常好=2分 好=1分 失败=0分	星期一		星期二		星期三		星期四		星期五	
	检查者 K=学生 L=老师	K	L	K	L	K	L	K	L	K	L
1	我今天按时到校上课										
2	我在课堂上表现积极，经常举手发言										
3	我认真地做完所有家庭作业										
	总分										

＿＿＿＿＿＿ 的在校表现

我的表现	星期一	星期二	星期三	星期四	星期五
我今天在小组中遵守了发言规则					
我今天在小组中没有影响其他人					
总分					

逻辑后果技巧

　　如果发出指令、建立规则以及分数计划无法对孩子发挥有效的作用，就需要采取其他措施。如果没有分数计划，孩子也不遵守约定的规则且无法完成自己的任务时，会产生什么后果呢？显而易见，不受欢迎的行为必定会产生明显的消极后果。孩子年龄越小，他的行为与后果之间的关联性就越强。

　　逻辑后果列举如下。

　　- 孩子早上动作拖沓，必须经过多次提醒并在家长的帮助下才能完成洗漱等工作。

　　逻辑后果：孩子穿着睡衣去幼儿园或者上学迟到。

　　- 孩子不打扫自己的房间。

　　逻辑后果：家长将随处乱放的东西收进一个袋子，一周以后才还给孩子。

　　- 孩子吃饭时慢慢吞吞，动作太磨蹭。

　　逻辑后果：到时间食物就被收走。

　　- 孩子做作业时动作较慢，喜欢说话。

　　逻辑后果：家长不再负责检查孩子的作业是否完成，可以直接告诉老师，孩子遇到了问题，在无法完成作业的情况下就得去上学。孩子必须自己承担一切后果。

　　- 孩子与其他同龄人发生了争执，如与兄弟姐妹或者朋友玩耍时变得蛮不讲理且具有挑衅性。

逻辑后果：将孩子们分隔开，一段时间以后才允许他们重新在一起玩。

- 孩子晚上不愿意上床睡觉，耍很多小花招。

逻辑后果：取消睡前阅读或者亲子游戏。

停止技巧

年纪较小以及过度兴奋的孩子有时很难自己停止具有干扰性的行为，这时，停止信号及中场休息的方法尤为有效。

用停止的信号，你能清楚无误地向孩子表明，他应该立即停止或者中断眼下不受欢迎的行为。此时，你应该站得笔直，将手臂向前伸直，手的正面朝向孩子。一开始你要大声说"停"，这是一种信号，向孩子表明他必须立即停止并服从你。

日常指导

- 与孩子谈论停止信号，并向其解释这一信号的意义。

- 家长必须与孩子一起思考，什么时候需要发出停止信号。

- 与孩子共同协商，如果他不能遵守停止信号，会产生哪些后果（如直接结束、离开房间）。

停止

- 如果孩子服从了停止信号，立即表扬他。

- 发出停止信号后，立即给予孩子明确的正面指示，以让其有大致的方向，知道自己应该做什么、什么是家长期待的行为。

- 只在有需要的个别情况下使用停止信号（即不频繁使用），否则此方法有可能很快失效。

- 孩子也有权利使用停止信号，比如当孩子不同意某事或者被家长提出过分要求时。

- 你可以使用附页中的"停止"模板。

深呼吸

人与人相处时，不可避免会发生冲突，关键是要找到与他人相处的合适方式。你应该为孩子做出榜样，教会他如何自己解决冲突。如果你与孩子争吵时，声音变得很大，根本不听孩子的解释，那么，孩子也会对你大声叫喊，也会听不进你的话。这样，你与孩子之间就无法达成一致，你们都将无法从冲突中走出来，冲突可能再次爆发，也可能升级。很快，冲突就会演变成一场"你必须听我说"的话语权之争。

如果你学会深呼吸，保持冷静和理智，那么，解决冲突并非不可能。

日常指导

– 请你思考，你的反应是否恰当，是不是还有其他原因让你此刻气愤不已。

– 如果你生气时能保持冷静和理智，那么你就有可能解决眼下的矛盾。给自己10分钟，喝杯水，让自己平静下来。不要忘记深呼吸！

– 如果你的孩子非常生气，听不进你的话，你可以先让他平静下来。把孩子带到花园或者能够安抚其情绪的空间，并让他喝一杯水。

– 发生冲突或者争执时，你应该心平气和地主导大方向。

– 你的肢体语言应该清晰明了。

– 积极的行为能带给孩子惊喜，因为他也许正期待着什么。比如你说："太棒了，你现在肯听我说话了！"这为展开下一步沟通奠定了积极的基础。

– 避免对孩子的表现消极地一概而论。严格区分平日里你原本很喜欢的孩子和此刻说话、做事很冲动的孩子。

– 在当下的争执中，不要使用"总是如此""一直"等字眼。

– 使用"我"这个词语，比如，"我感到我被打扰了，请让我独自打电话"。

– 请不要只限于讨论，要采取行动。言简意赅地解释你所说的"不"或者"要"，并坚持己见。你可以用相应的规则提醒孩子，以此结束争吵。

6

培养独立性和
计划性

┃ 做事有计划，条理清晰有步骤 ┃

── 目标 ──

你的目标是使孩子变得更加独立、做事更有计划性。

- 孩子变得更加独立。

- 孩子能够有计划、有组织、顺畅、细心地完成任务。

　　有注意力问题的孩子在日常生活中常常显得不够独立。他们在实施计划或者完成任务时通常缺乏合理的安排。执行任务时他们会不断拖延，执行过程中也缺乏计划性，甚至把一切搞得一团糟。

　　为增强孩子的独立性、行为组织能力，提高他们的注意力控制能力以及灵活性，有必要在日常生活中对孩子定期进行有效的训练。

　　作为成人，我们可以为提高孩子的行为组织能力树立良好的榜样！

独立性和按步骤进行

　　孩子只有在从事那些要求他们独立完成的行为时，才能体会到什么是独立性。家长应该在每一步都支持、赞赏和鼓励孩子独立行事。即使年龄稍小的孩子也应该肩负一些较轻的任务，并在家务事方面力所能及地帮助家长。这有助于提高他们动作的灵敏性，帮助他们遵守特定的行为秩序，并培养谨慎的态度、责任心和自信心。

为了培养孩子的独立性，应让孩子对自己愿意或者应该独立实施的行为的每一步都有清楚的认识。你可以与孩子一起思考，向他指明目标，并告诉他如何完成每一步。可以让孩子自己讲述步骤，也可以你向他讲述，但具体的行为必须由他自己来完成。

日常指导

－让孩子参与日常家务工作，如做饭、烘焙、摆餐具、购物、照顾家中的花草或宠物等。

－与孩子谈论有哪些义务和任务是他能够、想要以及应该定期完成的。

－让孩子自己讲述，他准备如何完成这些任务。

－为孩子做示范，向其展示你是如何完成这项任务的。在此过程中，向他具体解释你的每一步是怎么做的。

－与孩子一起制定检查清单或者工作步骤卡：让孩子把每一步写下来或者画下来，比如早上起床这件事，然后将步骤卡挂在醒目的位置，如浴室。这样可以使孩子提高自觉性、增强成就感以及提升自我价值感。这些做法有可能无法立即见效，但你不应该责备孩子，只需要依照检查清单或者工作步骤卡向孩子指出正确的步骤即可。

－按步骤进行的技巧可以在很多日常行为中进行训练。

－与孩子一起思考，哪些行为、活动和任务会使人产生较大的压力。

－接下来与孩子谈论大致的行动步骤。为使步骤更加清楚，你可以与孩子一起制定检查清单或者制作小卡片，在上面按照时间顺序将每个步骤写出来（比如早上的一系列行为、做作业时的步骤等）。

大声说出来，然后积极行动

为了提高孩子的行为控制能力，可以让其大声说出自己想怎么做（边做边说），此方法已被证实有效。它旨在预先规划好某项行为，再有计划、有目标地实施此项行为，以保证能够始终遵照计划把任务或者行为有体系地顺利进行下去。孩子可以由此学习如何规划、执行及监督自己的行为。

日常指导

- 向孩子明确展示，你自己是如何思考自己的行为以及如何在心里预先进行规划的。大声说出你的计划，为孩子树立榜样，孩子一定会从中获得启发！

- 评价你自己在日常生活中的行为步骤。

- 让孩子对他自己的行为步骤进行解释。

- 可以将方案（最佳方案）或者计划（完善的想法）写下来，这是一种以行动为主导，训练预先计划能力的方法。

- 与孩子玩**"你说，我现在应该干什么"**的游戏。当孩子按步骤给出明确的指示后，你再采取相应的行动（如摆餐具、搭建汽车模型等）。

提高行为组织能力

对行为进行大致的规划和组织，是孩子完成家庭作业和胜任其他较为复杂的任务的必要条件。你可以借助有计划性的安排来改善孩子的行为控制能力，并帮助孩子们顺利地独立完成任务。

孩子在寻求任务的解决办法时，得学会暂停与关注。关注是指先仔细地观察与倾听，然后思考如下问题：我的任务是什么？每一步应该做什么？完成这项任务必须做些什么？我的计划是什么？也就是说，孩子必须先自己思考，然后将思维整理成具体的步骤，这样，他才能开始这项任务。长时间保持坐姿而不走神，这对于孩子来说是一场严峻的考验，因此，中途提醒孩子专注于任务，是很有帮助的。此外，孩子还应该用心地完成每一个步骤。只有当孩子能够清楚地认识并及时修改做得不好的地方，任务才能圆满完成。最后，书桌被整理干净，整个任务才算结束。孩子一定会为自己独立完成了任务而感到骄傲。

信息提示

行为组织技巧

◎ 暂停！关注！

- 我笔直地坐着。

- 我细心地看着。

- 我认真地倾听。

◎ 思考！

- 我的任务是什么？

- 我的计划是什么？

- 每一步应该做什么？

- 为了完成任务，需要什么东西？

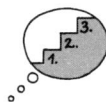

◎ 开始行动并保持注意力！

- 我小心谨慎地行事。

- 我一步一步地做。

- 我不中断任务。

- 我一直坚持到完成目标。

信息提示

◎ 暂停！监督！

- 我仔细地看。

- 我监控自己的行为。

- 我完成任务了吗？

- 我真的完成了吗？

- 我现在就认真改正错误。

◎ 收拾书桌！

- 桌面没有任何东西。

- 工具或材料都已经放回原位。

◎ 收工！

- 我真自豪啊！

你可以在附页中找到相关模板。

日常指导

向孩子解释行为组织技巧。将有关行为组织技巧的计划挂在显眼的地方并提示孩子。

为了让孩子能够独立、有计划地圆满完成任务，你可以将下列问题及指示写入自己制订的行为计划中。你应尽量少帮忙或者视需要而给予适当的帮助，给予孩子独立思考的时间。

→ 为了保持大脑清醒，有必要在开始一项耗费精力的任务之前进行注意力训练。

→ 饮水对于大脑新陈代谢具有重要的意义，因此，让孩子在开始一项任务前先喝一杯水。

→ 营造有利的氛围：环境足够明亮、干净吗？空气新鲜吗？

→ 孩子是否保持笔直的姿势以集中注意力？

→ 询问孩子"你现在要做什么"，要求孩子解释每一步的步骤是什么。

→ 帮助孩子清楚明白地表述任务。

→ 要求孩子在行动时大声地说出想法。

→ 孩子完成任务的每一个步骤时，都给予表扬。

→ 提醒孩子进行自我监督，让孩子自己发现错误，然后告诉孩子正确的做法。

→ 与孩子谈论任务的时候，你不要做其他事。

→ 在快要发生争执之前，你应先离开房间。

7 提升社交能力

学会互相尊重和关爱，不卑不亢交朋友，更好地融入集体

— 目标 —

你的目标是改善孩子的社交能力。

– 孩子收获并维持友谊。

– 孩子能与他人愉快相处并以恰当的方式解决他们之间的冲突。

　　我们都希望孩子能和其他人愉快相处，受到他人的喜爱并获得友谊，较好地融入社会团体。为此，孩子需要具备良好的社交能力，以帮助他们在不同的社会情境下胜任与年龄和自身发展相符的社交活动。

　　社交能力存在问题的孩子，会在幼儿园、中小学校、家里或者其他场所的活动中表现出异于常人的社交行为。这些孩子中的一部分要么表现得很冲动，要么极度缺乏耐心，他们难以遵守规则，具有挑衅性或者非常容易陷入争吵及冲突中；另外一部分孩子则不够自信、畏畏缩缩，在社交中显得拘束谨慎，他们很难建立一定的社交关系及获得友谊，在极端的情况下，还会形成异常孤僻的性格，精神健康也存在风险。

　　社交能力较差可能由以下原因引起。

　　- 发展社交能力的机会很少。

　　- 未能改正不恰当的社交行为。

　　- 所获得的提高社交能力的反馈意见较少。

- 缺乏足够的知识，不了解什么是恰当的社交行为方式。

- 存在儿童/青少年精神障碍。

作为成人，我们的一个重要任务就是在孩子发展社交能力时给予引导和支持。

以身作则

好的行为是孩子学习的榜样。作为成人的我们要能够以身作则，以具有积极意义的事例为孩子做出榜样，帮助孩子提高自己的社交能力。

日常指导

在社交行为上树立好榜样，让孩子从中学习。

→ 人与人之间如何彼此体谅、互相关爱、尊敬地相处。

→ 人与人之间如何互相帮助和支持。

→ 如何与他人建立联系。

→ 人与人之间如何相处。

→ 人与人之间如何做出约定。

→ 如何适当地表达自己的感情、愿望和需要。

→ 人们在相处中如何求同存异。

→ 人们如何设定彼此的界限。

→ 如何以合适的方法解决冲突。

→ 向孩子解释你这么做的原因。

- 向孩子解释什么是恰当的社交行为方式。向他阐述，你或者其他人是如何以及为什么要遵照一定的方式来行事。

- 为你的孩子营造不同的可以培养社交能力的氛围。

- 通过赞赏、认可和表扬来提高孩子的社交能力。

- 改正孩子不恰当的社交行为方式。向孩子解释，为什么这种行为不受欢迎，它会引起什么样的后果。当孩子表现不当时，给予孩子具体的行为指导。

交朋友和培养团队意识

除了以成人作为榜样来学习之外，孩子也会在与其他同龄人相处的过程中学到很多东西。儿童和青少年时期，参与同龄人团体的活动是培养性格和学习事物的重要一环。被同伴认可、喜爱，受到同班同学的尊敬，是孩子培养自信最重要的基础。

如果孩子交友甚少或者没有朋友，那么家长应帮助其建立和维护友谊。

日常指导

- 请你思考，或者与孩子一起思考，为什么孩子难以结交朋友。

- 鼓励孩子想一想，他必须做什么才能拥有很多朋友。

- 为孩子制订一个寻找朋友的计划。孩子能够做些什么？有哪些事一定会发生？孩子愿意和哪些同龄人一起相处？

- 与孩子一起辨别他周围潜在的朋友。可以询问老师，以帮助孩子寻找合适的玩伴。

- 鼓励孩子常与朋友约会、碰面。

- 必要时，与孩子交谈并练习如何向朋友邀约（如"你愿意和我一起玩吗""我能和你们一起玩吗""我有一个关于游戏的好主意""谁愿意一起玩""我们要相约一起玩吗"）。

- 为了解孩子与谁聚会、玩什么、如何玩等问题，你可以经常让孩子在家里与朋友聚会。

在家里组织一次孩子与朋友的聚会。

→ 要注意时间长短。孩子年龄越小，时间可以压缩得越短。

→ 在最初的15分钟，你可以与孩子们在一起。告诉孩子们大家需要共同遵守的规则。

→ 将规则写下来或者使用附页中的模板。

→ 告诉孩子们，如果他们遵守规则，可以得到什么奖励，比如，游戏最后，大家一起享用可口的饼干或者由你讲一段故事。

→ 告诉孩子们，如果他们不遵守规则，会发生什么事情，比如，他们将被分开10分钟，不能待在一起玩耍，或者是来访的孩子必须回家。

→ 与孩子一起想想应该玩什么游戏。

→ 在孩子们玩耍的过程中不断观察。如果孩子们遵守了规则，及时表扬他们。如果孩子们发生了小矛盾，帮助他们解决。必要时，可以引入你制定的惩罚机制。

→ 玩耍结束时，告诉孩子们，今天的聚会怎么样，哪些方面做得好，哪些方面在下一次可以有所改进。

- 与孩子的朋友一起做一些事。
- 给孩子们布置需要他们共同完成的任务，向孩子们强调："你们是一个团队！"
- 对孩子的朋友表现出兴趣。
- 如果孩子由于之前的某种不当的社交行为而导致自己不受欢迎，没有朋友愿意和他一起玩耍时，你要为孩子争取新的机会。这时，你也可以求助于老师和其他孩子的家长，向他们说明孩子的问题所在，并表示你愿意通过训练来认真帮助孩子改善他的不当的社交行为。
- 支持孩子积极加入某个协会。

学校（幼儿园）日常指导

- 告诉孩子，拥有朋友是一件多么重要和美好的事情。
- 与孩子共同思考，好朋友是什么样子的。
- 与孩子共同思考，如何交到朋友及维持朋友关系。
- 告诉孩子，一个好的团队应该是什么样子的。
- 支持孩子结交朋友（如"去和××谈谈，我想你们之间有很多相同点"）。

- 告诉孩子玩耍和聚会时什么是大家所希望的社交行为方式。

- 通过赞赏、认可和表扬来提高孩子的社交能力。

- 对于孩子特别优秀的表现，可以给予特殊的奖励。

- 将表现优秀的孩子作为榜样来介绍（如"真棒，××懂得乐于助人，他刚刚帮助×××拿来了水杯"）。

- 鼓励孩子和其他同龄人一起做一些事，并让孩子不断建立新的团队。

- 给孩子们布置需要他们共同完成的任务，向孩子们强调："你们是一个团队！"

- 引入"冲突调解员训练"，或者其他类似的训练。

我们的准则

1. 我们友好地对待彼此。

2. 我们彼此间不影响对方。

3. 我们是一个团队，应该互相帮助。

4. 如果我们不遵守规则，就缩短游戏时间。

8

提高业余活动
参与度

在玩乐中学会专注，拥有抵
抗压力、自主规划的能力

— 目标 —

你的目标是让孩子有满意而积极的业余生活。

- 孩子持久地玩游戏，并专注于一项游戏上。

- 孩子对游戏有自己的想法。

- 孩子在业余活动中获得乐趣和愉悦。

- 通过积极地规划业余活动来增强孩子的身心健康。

- 让孩子学会在业余活动中释放压力。

- 让孩子参与社会团体活动。

- 让孩子积极参加业余活动并为之投入精力。

- 提高孩子的能力，发挥孩子的优势。

- 孩子在业余活动中获得启发并不断提高自己。

- 不给无趣和糟糕的心情任何机会。

具有积极意义、形式多样以及欢乐有趣的业余活动能够增强人们内心的幸福感，有利于人们保持心态平和及身体健康。业余活动也是对以成绩为核心的繁重的职场生活及学习生活的有效平衡，还能缓解压力，使人焕发活力。

合理地规划业余生活、安排活动及适当的休息，能够使孩子拥有多样的经历和体会。业余活动会对孩子的心理状态产生较大的影响，积极有趣的业余活动可以促进孩子社交能力的发展，也可以培养孩子的特长及兴趣爱好。与日常生活中家庭和学校里的各种硬性规定不同，孩子在业余活动中能够自主决定和自由规划。积极的业余活动可以帮助孩子胜任与其年龄相符的各项任务，并培养他们的能力。

目前，很多因素都限制了孩子们参与积极、有趣、可促进发展的业余活动。

- 来自学校的压力，以及重视成绩的观念不断增强。

- 生活及活动空间不断变小，孩子无法主动参与那些有趣、自然而安全的活动。

- 与朋友不期而遇的机会减少，要碰面得事先做好约定。

- 孩子能够自由活动的时间变少。

- 电子产品越来越多地介入生活（如电视、电脑、手机等）。

- 不断增多的电子产品使孩子缺乏运动，并引发体重超标。过度使用电子产品会降低孩子的自我感觉，使孩子产生孤独感及社交不安全感。

注意力不集中、有自我调节问题及缺乏灵活性的孩子尤其不擅长积极有效地规划业余活动。

- 他们通常不知道自己应该做什么，也容易很快就感到无聊。

- 他们很难开展活动及主动参与活动。

- 由于缺乏注意力控制能力或者对挫折的承受能力不足，他们会很快中止活动，或者从一种活动转到另一种活动。

- 他们的表现不如其他孩子，显得笨拙，无法融入团体。

- 他们的反应要么过于兴奋，要么过于迟缓，比较容易引起冲突，导致活动提前结束。

- 尽管他们很努力，也很用心地去做，但仍然很难跟上节奏，因此，他们可能会受到侮辱，并感觉自己遭受排挤和不公平的待遇。

作为成人，我们要给予孩子支持，让孩子多参与积极、可促进发展的业余活动并融入其中。

集中精力则一切顺利

在玩乐中是否投入足够的精力是决定业余活动是否成功的重要前提。孩子应该具备与其年龄相符、可以长时间投入一件事情或者一项游戏的能力。在此过程中，孩子分配注意力的能力也能得到培养。他们还将由此学会如何将注意力保持在一件事物上，并学会锻炼耐力、培养想象力和创造力。

日常指导

要求和督促孩子玩乐时全身心投入。

- 你要以身作则。与孩子一起玩耍并向他展示，你能投入地玩游戏多长时间、你提出了哪些想法以及你是如何享受这段时光的。

- 采用孩子的想法，并同他一起玩。在玩耍时按照孩子的想法进行。孩子应该首先学会投入玩乐中。

- 对孩子的爱好和长处表示出兴趣，对游戏的内容和形式给予支持（前提是不损害孩子的身心健康）。

- 当孩子提出自己的游戏想法时，及时表扬他："你提出的想法可真棒啊！"

- 向孩子表明，即使他独自玩耍时，你也在关注着他。如果孩子全身心投入，则表扬他："太棒了，你都开心地玩了这么长时间。你做得真好！"

- 你要明白少而精的道理。玩具的数量并不重要，玩具越少，孩子越能认真玩耍，其创造力也更能得到发挥。

- 可以根据季节变换玩具类型、游戏方式、游戏道具等，以此来提高玩具的吸引力，也可以增加孩子再次见到旧玩具时的快乐，从而使孩子更深入地使用玩具、更投入地玩乐。

- 人在无聊时，往往会产生很多富有创造性的想法。因此，你要对孩子无聊时产生的想法做出反应。不必立即与孩子玩耍，可以鼓励他说出自己在无聊时产生的想法。

- 必须避免将电子产品作为"保姆"或者打发无聊时间的工具。

滚蛋吧，无聊君

日常指导

如果孩子经常黏着你，很快就对事物感到无聊或者对玩耍的方式没有什么想法，那么，与孩子一起设计一张"滚蛋吧，无聊君"的海报，让孩子在无所事事时可以看一看。你也可以制作一个纸箱，叫作"对抗无聊的箱子"，与孩子一起将游戏想法写在卡片上并储存在箱子里。

按照以下标题将游戏想法分类。

可以独自进行的户外游戏。

→ 荡秋千。

→ 跳绳。

→ 建沙堡。

→ 搭小木屋。

→ 玩球/打篮球。

→ 蹦床。

→ 吹泡泡。

→ 用脚步测量花园。

→ 观察大自然，在自然中做实验。

→ 描摹花园景观。

→ 劳动、锯东西、雕刻、研磨、敲打。

→ 建造小船、雕刻木质小动物、折纸飞机。

可以与朋友一起进行的户外游戏。

→ 角色扮演：马戏团中的成员、动物园里的饲养员和动物、印第安人、
骑士、侦探。

→ 游乐场玩耍。

→ 追捕游戏。

→ 捉迷藏。

→ 套袋赛跑。

→ 打球。

→ 玩橡皮筋。

→ 跳绳。

→ 骑自行车。

→ 玩滑板。

可以独自进行的室内游戏。

→ 字谜游戏。

→ 设计性游戏、打玻璃弹珠。

→ 做小实验。

→ 角色扮演，场景可以设置为农场、车库、消防队。

→ 玩偶、绒布动物玩具。

→ 听音乐。

→ 阅读。

→ 绘画。

→ 折纸飞机。

→ 刺绣、钩织、针织、缝纫。

→ 制作手工礼物。

→ 制作珍珠环。

→ 制作珍珠项链、珍珠小动物。

→ 做水果沙拉。

可以与朋友一起进行的室内游戏。

→ 变装打扮、装饰、摄影。

→ 设计游戏、搭建游戏。

→ 绘画、手工。

→ 唱歌、演奏乐器。

→ 跳舞。

→ 集体游戏。

→ 猜谜。

→ 讲故事、拍视频。

→ 筹划节日庆典。

→ 大扫除。

电视、电脑、手机

众所周知，如今的孩子接触电子产品（电视、电脑、手机等）的时间越来越多，如果不对此加以控制，将会产生很多消极的作用。儿童和青少年过度使用电子产品可能会导致下列后果。

- 由于参与促进语言、运动功能、情绪及认知领域发展的活动过少，孩子的成长可能出现迟缓。

- 缺乏运动、肌肉无力、耐力差、体态欠佳。

- 体重超标及心血管问题。

- 头痛。

- 影响中枢神经的兴奋，影响分配性注意力以及控制性注意力的发展。

- 加重精神的不安或者兴奋，出现睡眠障碍。

- 表现出退缩、孤独、不安全感。

- 情绪不稳，过于兴奋或者低落。

- 自信心不足。

- 缺乏对自我及对外界事物的感知能力。

- 畏惧感加重。

- 对生活产生不切实际的评价，变得野蛮或者麻木，出现暴力倾向。

- 感觉时间不够用，由此产生压力。

- 依赖性增强。

信息提示

　　如果孩子能够调动所有感官去真正体验和经历呈现在他们面前的事物，这将是一件非常美好的事情，也有利于促进他们的身心发展。当孩子们穿越森林，感受吹拂在脸上的风，听见心跳，闻到森林的味道，聆听树叶的沙沙声，用身体感受土地的凹凸不平，欣赏阳光下的影子，捕捉并识别身前身后、头上脚下及身旁的声音，抓住并触摸某物，品尝各种美味时，如果他们能充分调动感官去体会、感受、经历这一切，就会发现生活的精彩！我们的身边有诸多充满魅力的事物值得我们用身体去感知、用心去体会。这种天然的学习环境，会给孩子留下深刻的记忆，也会让孩子因为经历了真正的生活而焕发活力。

毋庸置疑，孩子也能从电子产品中受益：他们可以借助电子产品获得知识并引发思考。然而，在这种情况下，孩子始终是以间接的方式经历上述事物，而没有调动自己的感官去亲身感受这些事物在触摸、嗅闻、品尝时究竟是什么样子，去体会自己及身体应该如何针对不同的情况做出调整。电子产品中的世界是一个人造的、虚拟的世界。过度接触电子产品潜在的严重后果是：在孩子沉浸于屏幕的时间里，他们会错过人生中很多重要的生活经验和必需的经历。如果孩子的经历不够丰富，他们将无法经受生活的考验，也将无法承担未来生活的重担。

作为成人，我们有义务，也有责任控制孩子接触电子产品的时间，以避免由此产生的不良后果。

日常指导

孩子将从你身上**学习如何对待电子产品**。为保护你的孩子，请你以身作则！

→ 孩子在场时，你要有意识地控制自己使用电子产品的时间。家长不加节制地使用电子产品，同样会产生上述种种不良后果！

→ 记录你每周使用电子产品的情况。计算时间并思考，如果放下电子产品，你在这段时间内可以从事或完成哪些其他的事情。

→ 记录你使用电子产品看了哪些内容，思考这些内容是否是你真正需要的东西。

→ 如果一周中的某一天完全禁止使用电子产品会怎么样？如果几周内禁

止接触电子产品，又会发生些什么呢？

→ 有计划地使用电子产品，有意识地控制使用时间。

→ 做事时旁边什么也不要放。当你做一件事（吃饭、阅读、讲话）时，关闭电视或电脑。

- 避免让孩子接触任何暴力及色情内容。

- 记录孩子每周使用电子产品的情况（何种产品、何时使用、使用多长时间、和谁）。认真分析这些记录，你得出了什么结论？哪些结果具有积极的意义？

- 限制孩子每天接触电子产品的时间。下列信息提示中的表格为每天使用电子产品的最长时间。

信息提示

年龄	每天使用电子产品的最长时间
0~3岁	0分钟
4~5岁	30分钟
6~8岁	45分钟
9~13岁	60分钟
14~16岁	90~120分钟

- 确定孩子使用电子产品的时间、通过电子产品接触的内容，明确允

许看什么、禁止看什么。将规定告诉孩子，并同孩子签订协议，告诉孩子
如果不遵守协议后果是什么（见第132页的"电子产品使用协议"）。告诉
孩子，为什么要控制他使用电子产品的时间，如果长时间使用电子产品会
产生哪些后果。

- 必要时可以使用附页中的模板。

- 无须担心，即使限制孩子接触电子产品的时间和内容，孩子同样很
快就能学会使用电子产品。

- 与孩子一起确定，他想看什么、允许他看什么。

- 除非你完全清楚电视节目的内容，否则不要让孩子独自看电视。

- 与孩子谈论他看了些什么，看后感觉如何。

- 不要将允许孩子使用电子产品、允许其独自坐在屏幕前作为奖励。
与其抱着爆米花和柠檬水坐在电视机前，不如全家去看电影，一起度过一
个愉快的夜晚。

- 坚持制订远离电子产品的计划，以此向孩子展示，没有电子产品时
可以做哪些有意义和有趣的事。

- 如果孩子不使用电子产品，要表扬他。

- 向孩子提供多种积极而有意义的业余活动。

学校（幼儿园）日常指导

- 与孩子们商定，他们可以使用什么样的电子产品以及可以使用多
长时间。

- 如果你对某个孩子过度接触电子产品感到担忧，及时与其家长友好地交流。

- 友好、冷静、客观地告知家长（例如在家长会上），过度接触电子产品会对孩子的身心发展产生哪些不利影响。推荐一些分析此问题的专业书籍。

- 与孩子们一起思考，使用电子产品有哪些好处及弊端（可以列一个优缺点的清单）。

- 向孩子们解释清楚，过度接触电子产品会对他们的身心发展产生哪些不利影响。

- 与孩子们一起思考，没有电子产品时可以做哪些有意义和有趣的事。

电子产品使用协议

我的屏幕规则

1.每天，我可以在屏幕前度过_____分钟。

2.我可以观看或者使用以下电视台、节目、游戏、程序：

_____

3.禁止观看或者使用以下电视台、节目、游戏、程序：

_____

4.如果我不遵守协议，则会有如下后果：

_____

_____

5.父母已经向我说明，为什么这些协议对我非常重要，以及我不遵守它们时会有哪些后果。

我接受上述协议并承诺遵守这些协议。

地点、时间_____　　签名_____

业余活动建议

在业余时间里积极地参加各种活动，有助于我们的成长，也可以让我们的生活多姿多彩、回味无穷。

就孩子的心智水平和社会能力而言，获得同龄人的认可及融入社会生活是一个重要的目标。

统计显示，现代儿童的活动量越来越少，学校里的活动极其有限。因此，让孩子们在业余时间里定期进行积极的活动变得尤为重要。

鼓励孩子在业余时间积极参加活动、锻炼身体、学习新知识，定期与朋友聚会，并向大家展示自己的能力和长处。

日常指导

请你以身作则！ 你的孩子会从你那里学习如何安排自己的业余时间。

批判性地检讨你自己在**业余时间的行为**。

→ 工作与休闲之间是否平衡？

→ 你在业余时间做些什么？

→ 你的行为是积极的吗？

→ 你的活动量足够多了吗？

→ 你与孩子、配偶以及其他家人一起做了多少事？

→ 你的社交生活是什么样的？

→ 你想有所改变吗？如果是，你将如何改变？

有规律地开展业余活动。

→ 在每周五晚饭后商讨如何度过周末时间。

→ 下班后踢足球或者打乒乓球。

→ 穿上旧衣服，到花园里劳作。

与孩子一起度过业余时间并积极参与各种活动。

→ 与孩子一起运动起来，骑自行车、玩滑板、游泳、踢足球、打球都可以。

→ 与孩子一起尝试新鲜事物。

→ 与孩子一起参加社会性活动。

→ 与孩子一起走进大自然，到郊外当探路者。

→ 与孩子一起短途旅行（如周末游）。

→ 与孩子一起做饭、吃饭。

→ 与孩子一起演奏乐器、唱歌。

→ 与孩子一起做手工、绘画。

→ 与孩子一起组织有趣的专题聚会。

→ 与孩子一起打扫卫生、修理东西、整修房屋，参与车间工作和花园劳动，对完成的工作进行适当的庆祝。

要注意的是，也可以与孩子一起定期偷偷懒。你要向孩子表明，**保持安静的状态**对于休息是非常重要的。

→ 与孩子依偎在一起，互相交谈。

→ 给孩子朗读或者与孩子一起听有声书。

→ 与孩子互相演奏最喜欢的音乐。

→ 与孩子一起玩猜谜游戏。

→ 给孩子讲述一则他最喜欢的笑话。

→ 与孩子一起欣赏以前的照片。

→ 为孩子按摩后颈和脚部。

在你周围的生活环境中，一定有很多参与协会或者业余活动小组的机会。与孩子一起寻找**合适的运动形式和业余活动小组**。

→ 孩子的兴趣和动机决定了你们要选择什么样的运动和活动小组。

→ 请在第一周就确认，孩子能够适应业余活动。对教练、小组、重要的规则及流程都应该有大致的了解，这样，当孩子向你讲述他的活动时，你能够更好地理解并与其交谈。

→ 如果孩子在活动中表现得不够灵活或者适应能力出现问题，你要大声及公开地表示你的支持，并寻求教练以及其他孩子和家长的支持，请他们与孩子公平地相处。每一个孩子都应该受到欢迎，这一点的重要性不言而喻！

→ 为了保证孩子参与活动的广度和深度，在活动中感受到成功，以下方法十分有效：6个星期内都可以决定是否参加该活动，一旦决定参加，就应该确定未来一年的计划，而且有义务坚持参加所选择的活动。

下列活动有助于提高孩子的注意力。

→ 个人运动：游泳、田径、骑马、器械运动、体操、舞蹈。

→ 集体运动：集体舞、集体的体操表演。

→ 双人运动：竞赛形式（柔道、跆拳道、击剑）；还击式运动（乒乓球、羽毛球、网球）。

→ 一些过于激烈的运动形式（如足球）不大适合年龄较小的孩子，这类运动容易给孩子造成伤害。

参加业余活动小组时可以进行一些角色扮演，如探路者、消防员、警察等。

此外，**音乐训练**也是一种有益的训练，从个人课程到集体课程（交响乐队、合唱团），都是较好的学习形式。

学校（幼儿园）日常指导

- 与孩子们谈谈目前为止他们在业余时间都参加了哪些活动。

- 与孩子们一起画一张海报，将参加业余活动的优点和缺点写在上面。

- 鼓励孩子们，与他们一起思考，有哪些有意义和使身心放松的业余活动可以参加。

柔道

9

提升精细运动功能和书写功能

| 灵活运用双手，工整清晰地写好字 |

— 目标 —

你的目标是提升孩子的精细运动功能和书写功能。

- 孩子在日常生活中能够灵活地运用双手。

- 孩子能够从事较为精细的手工活动。

- 孩子能够轻松地写字，字体工整、字迹清晰。

运动功能发展是孩子身心发展过程中的重要环节。书写通常被认为是灵巧的精细运动功能的最高表现。在孩子真正学会写字之前，他们必须能胜任一系列体现大运动功能及精细运动功能的任务。

书写功能的发展

孩子在很小的时候就已具备一系列的运动能力，如跑步、攀爬、荡秋千、玩轮滑、打球、串珠、拼图、搭建砖块、做手工和绘画等。大运动功能、精细运动功能和认知能力对书写功能的发展尤为重要。学龄前儿童应该具备以下能力。

- 坐着和站立时保持笔直的姿势，并将双手解放出来作为工具。

- 适应不同的大运动功能的要求，掌握停止、调节和平衡的能力。

- 能够根据不同的任务放松肌肉并分配力量。

- 具有足够的运动耐力。

- 确定主要使用哪只手并尽可能使用和训练这只手。

- 具备良好的左右手协调能力，能够将不经常使用的那只手作为辅助。

- 区分并灵巧地使用不同的手指，根据任务对力量进行分配。

- 具备良好的手眼协调能力。

- 对空间环境、空间与位置、人物与环境等有一定的认知能力。

- 练习用笔，掌握正确的握笔姿势。

- 大量绘画以培养良好的追视能力和耐力。

- 能够临摹一定的形状（圆形、正方形、三角形、菱形）。

- 能够准确把握纸张的边缘，以便日后写字时能排列整齐。

- 具备随意掌控连续动作的能力。

- 画作越来越规整。

- 能够画出不同的人物并能描绘细节。

孩子在学会写字之前应该具备多种能力，通常，大部分孩子都可以胜任。他们常常对绘画和手工显示出较大的兴趣，也愿意在入学之前学会写一些简单的字。他们的动机较强，愿意主动投入，并以较好的状态和一定的耐力完成这些活动，练习并掌握各种必要的能力。

精细运动功能和书写功能障碍的原因

有4%～6%的儿童具有一定的精细运动功能和书写功能障碍，男孩出现此类障碍的概率通常高于女孩。注意力不集中以及好动的孩子通常也不喜欢绘画和较为精细的手工活动等，对于这些活动，他们很快便感觉费力、无聊、提不起兴趣，其结果也往往不尽如人意。有多种原因可能导致这种情况的发生。

- 孩子存在多动问题，手脚不断活动，经常扭动身体。有些孩子还会表现出不够稳定的精细运动功能。

- 当肌肉紧张度不足以维持身体的笔直状态时，就需要用手来保持平衡。而事实上，两只手本应空出来用于发展绘画、写字等精细运动功能。

- 如果需要使用一只手作为身体的额外支撑，那就无法训练两只手的协调性。用于写字的那只手承担了另一只手应该做的事，绘画、写字就会停下来，人也会变得疲倦不堪，无法获得令人满意的结果。

- 对外界刺激反应较慢的孩子很难在安静的坐姿中保持中枢神经系统的兴奋度和身体的笔直。他们往往被要求更长时间地集中注意力以完成任务。过度兴奋的孩子则很难较长时间地专注于某一件事并保持安静。上述两种情况的孩子都很难有目标地将注意力集中于某件具体的事情上，他们非常容易走神，而且会忘记原本应该完成的绘画、手工、写字等任务。

长时间保持坐姿对这些孩子而言，是一件让他们感到不舒服、非常费力且疲倦的事情。由于存在上述困难，且无法达到预期的结果，这些孩子往往不擅长书写这类精细活动。他们会排斥类似的活动，由此导致行为失败，孩子的挫败感也会因此不断增强。

作为成人，我们必须想办法帮助孩子发展精细运动功能及书写功能。

灵活使用手指的练习

现在你一定很清楚，日常生活中要鼓励孩子尽可能地多使用双手和手指。

你也知道，孩子需要保持直立的姿势，以将双手解放出来发展其他能力，这样，站立或者笔直的坐姿就成为尤其重要的学习姿势。

日常指导

让孩子尽可能**站着做事并多使用双手和手指**。

- 玩搭建积木、玩具屋、玩具汽车、玩偶、拼图等，在桌旁串珠。

- 让孩子在家长一同参与并确保安全的情况下做一些厨房工作，如搅拌、揉捏、擀压、用模具压制等。

在孩子的房间里添置一张游戏桌，让孩子可以站在桌旁玩游戏（桌面大概与孩子的肚脐平齐）。

孩子坐着活动时，要注意**使用椅面倾斜的椅子**（见第60页和附页中的模板）。

以下活动可以**增强孩子肩部和手臂的活动能力**。

→ 拍皮球。

→ 打羽毛球、乒乓球等。

→ 玩飞镖。

→ 游泳。

→ 跳绳。

→ 做拍手游戏。

→ 画大尺寸的画。

→ 擦桌子。

→ 打扫房间、使用吸尘器、用耙平整某物。

→ 晾衣服。

以下活动可**让手关节和双手变得有力**。

→ 推独轮车（主要使用腕关节）。

→ 拍手游戏。

→ 拔河。

→ 荡秋千。

→ 攀爬。

→ 打球、拍球。

→ 压平树叶。

→ 捶击物品。

→ 锯东西。

→ 揉面团或者黏土。

→ 擀压面团或者黏土。

以下活动可**增强手关节的活动能力**。

→ 跳绳。

→ 挥动布巾、挥动绳子。

→ 揉捏面团。

→ 填色。

→ 拧开或者拧紧玻璃瓶、杯子或者其他器皿。

→ 搅拌（汤、汁）。

→ 缠毛线或者线圈。

→ 洗涤衣物。

以下活动可**增强手的灵活性、手指的运动能力，训练对力量合理分配的能力。**

→ 玩玻璃弹珠。

→ 弹手指。

→ 打字。

→ 翻绳（把细绳缠绕在几个手指上翻出许多花样）。

→ 手指小人游戏。

→ 串珠。

→ 撕纸。

→ 画沙画。

→ 画可刮除的蜡笔画。

→ 揉捏面团。

→ 剪裁纸或布。

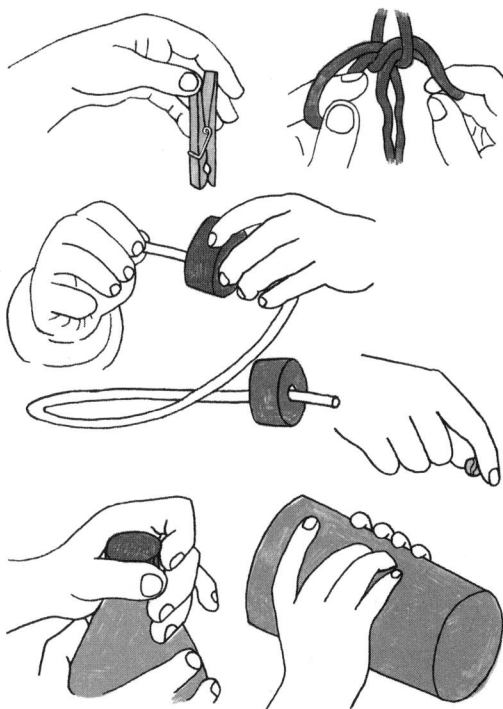

增强手的灵活性的活动

→ 切削水果。

→ 晾衣服。

→ 卷袜子。

用笔、绘画和写字练习

如果孩子手指的灵活性已经得到了足够的训练和发展，就为他用笔绘画和写一手好字打下了良好的基础。

绘画、手工和写字是孩子几项重要能力——表达能力、空间想象能力、创造力、较敏锐的感知能力及专注做事的能力的体现，可以促进孩子心智的发展。此外，绘画和手工可以锻炼孩子的精细运动功能，对其日后学习书写也有一定的帮助。因此，在幼儿园时期及学龄前阶段就应对孩子的精细运动功能的发展水平进行评估，并应对其进行绘画和手工训练。

作为成人，我们必须帮助孩子勤加练习绘画、手工，并帮助孩子锻炼书写功能。

信息提示

注意!

如果孩子到了入学年龄仍然不能确定主要使用哪只手（孩子在从事精细运动时不断交换两只手），就有必要进行专业的诊断以确认其用手习惯。通过诊断，可以确定孩子的成长发育过程中主要是哪个脑半球以及哪只手占主导地位。一旦确定哪只手为"强大之手"，便可加强对这只手的多种精细运动功能的训练，为孩子日后学习写字做准备。有关用手习惯的诊断和咨询应由资深的职能治疗师负责。

日常指导

在孩子进行绘画、手工、书写等活动时，**请注意为其创造良好的环境。**

→ 写字时，为了使孩子的手能舒适地放在纸上及避免发抖的情况，应该选择高度合适的桌子。要保证孩子的前臂能轻松地放在桌上，肩膀自然下垂。

→ 为了让孩子集中注意力、保持直立的坐姿及避免手脚不停抖动，应使用可调节高度的椅子，注意让孩子坐下时占据的椅子面积应较小（坐椅子边缘）。可调节高度的座椅以及无靠背的座椅都适用。也可以在座位上放置一个楔形小枕头，帮助孩子保持直立的坐姿。

→ 台面可倾斜的写字桌也有助于帮助孩子保持直立的坐姿。

→ 使用写字垫片可以让孩子对字迹的轻重和自己写字的力度有更准确的把握。

→ 为避免在背光的环境下写字，使用右手书写时光线应从左侧射入，使用左手书写时光线应从右侧射入。

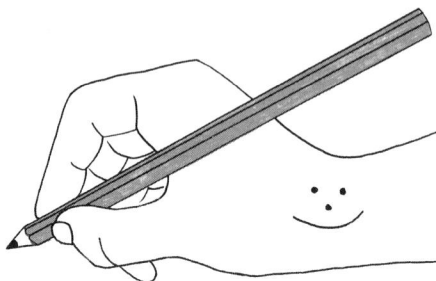

正确的书写姿势

正确的握笔姿势应如下。

→ 肩膀自然下垂。

→ 前臂的前2/3置于桌面上。

→ 两只手臂和两只手协调合作。

→ 辅助手（非主要使用的那只手）固定住纸张，确保书写时纸张不滑动。

→ 为保证书写流畅，应该使用辅助手提供支撑，而非写字的那只手。

→ 用于写字的那只手应全部放置于桌面上。

→ 用于写字的那只手的手腕应灵活伸展。

→ 如果用于写字的那只手不停抖动并粘住纸张，可以在这只手下面垫一张纸，这样，这只手就可以更轻松地在纸张上滑动，书写也会更为流畅。

将纸张放于**合适的位置，**有助于轻松地书写。

→ 以身体中心为界，将纸张移向用于写字的那只手的方向（用右手写字，则向右移）。

→ 在纸张上不断向下书写时，应该将纸张朝身体的上方推移，这样能避免双手颤抖及出现不正确的书写姿势。

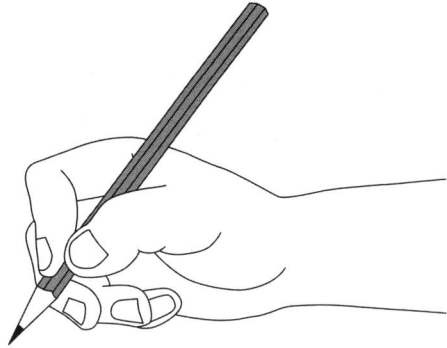

正确的握笔姿势

握笔姿势正确与否，对书写质量至关重要。在德国，三点式握笔姿势在生理学上被认为是最为正确的书写姿势，德国孩子在训练书写功能时，也主要学习这种姿势。三点式握笔姿势可以帮助孩子学会从各个手指发力进行书写活动。

→ 将笔夹在大拇指与食指中间及中指的上方（"三位好朋友"）。

→ 大拇指与食指处于刚好相对的位置。

→ 无名指与小指呈弯曲状，维持手在纸张上的稳定状态。

选择适合孩子书写的笔可以帮助其更准确地握笔，从而使孩子更轻松地练习绘画和写字。

→ 孩子初入学时，为其准备笔杆为三棱形、稍重一点的彩笔和铅笔。三棱形的笔可以帮助孩子轻松掌握三点式握笔姿势。较重的笔可以让孩子握笔更为放松，因为笔越重，越容易倾倒于虎口处，而无须多花费力气支撑它。

→ 选择靠近笔尖的部分为塑料材质的笔，这样，笔就能更容易地被手指握紧，而不会轻易滑落。

→ 也可以使用三棱形的绘画蜡笔。

→ 普通水彩笔不易让孩子感觉到自己的写字力度，用水彩笔时孩子不知道下手的轻重。可以选择带有弹性笔尖的钢笔，帮助孩子在写字、绘画时感受力度。

→ 笔的长度至少应为8厘米，这样才能比较容易地将笔倾斜于虎口处。

→ 一年级的小学生可选择各种不同的钢笔和签字笔。但无论是铅笔、签字笔还是钢笔，都应该选择符合人体工程学的样式，这一点尤为重要。握笔部位或整支笔杆为三棱形的笔更有利于孩子掌握正确的握笔姿势。

从生理学的角度来看，**合适的握笔器**可以帮助孩子掌握正确的握笔姿势。市面上有各种不同样式及厚度的握笔器，务必经过专业咨询再选择，职能治疗师也可以为每个孩子选择合适的笔。

绘画能力也可以通过定期练习得以提高。你要知道，孩子喜欢在轻松、愉快、充满欢声笑语以及自由的环境里作画，画作的质量并不重要，重要的是孩子在练习的过程中找到用笔的快乐和自信！

→ 你可以与孩子一起画画。

→ 在孩子绘画时播放音乐，为孩子营造轻松的氛围，使孩子保持愉悦的心情。

→ 初学阶段，用粗笔画大轮廓的画，练习诸如"一点、一点、一逗、一线——胖胖的圆脸"及彩虹、海浪等画作即可。

→ 伴随着富有节奏的音乐，与孩子一起在大型纸张（如包装卷纸）上用粗笔设计具有简单主题的包装纸：曲线、圆圈、太阳、脸、闪电、雪花、电缆线圈、铁轨、草坪、街道、花丛等。

　　→ 与孩子一起设计明信片或者日历画。

　　→ 鼓励孩子将涂色的图片剪下来贴在手工作品上作为礼物送给爷爷或者奶奶。

　　→ 让孩子"听写"购物清单或者菜谱。要求孩子将听到的画下来，画得好坏不重要，重要的是他们用笔参与其中。

　　→ 与孩子一起用他自己的画作记日记（如一天中某个扣人心弦的、有趣的、美好的时刻）。由孩子绘画，你可以在旁边写上关键词。

　　→ 为孩子报名参加学校的绘画小组。在那里，孩子可以受到多种形式的训练，并以多种方式培养自己的绘画能力。

当孩子进入一年级开始学习写字时，首先学习的是基本的笔画（字母），这时，你要给予足够的重视。如果你能及时对孩子进行赞赏，以轻松愉快的方式向孩子表示支持，他会学得更快。

→ 鼓励孩子用新学的字母、字或者数字画一张包装纸。

→ 如果孩子将某个字母或者某个字写得特别漂亮，则为该字母和字颁发"金牌"。同时，让孩子自己找出写得最好和写得最差的字母或字，询问孩子，为获得"冠军"，写得最差的字母和字应该如何改进？

→ 让孩子向你解释他是如何书写字母和字的。如果他能做出解释，则说明他已掌握了此项能力。另外，要注意观察，及时发现孩子在书写方面的不足之处，这样可以更有针对性地帮助孩子。

→ 孩子应该能以放松的姿势写出形式规则、字迹可辨的字。与孩子详细谈论书写的规则。

→ 为训练"准确地看"（集中性注意力能力的基本前提）和写出清楚可辨的字体，让孩子每天（或者每两天）摘抄三句话（可以从一本有趣的书上），此方法较容易见效。孩子必须学会自我监督：是否具备良好的"准确地看"的能力，摘抄的字体是否清晰可辨。如果孩子正确摘抄了所有的句子，也遵守了书写规则，要及时表扬并奖励孩子。奖励的方法可以是第二天只摘抄一句话（而不是三句话）。若孩子为遵守书写规则而速度过慢，则需要合理地规定适当的时间，以帮助孩子提高书写速度。

写出漂亮字体的规则

字母保持在一条直线上。

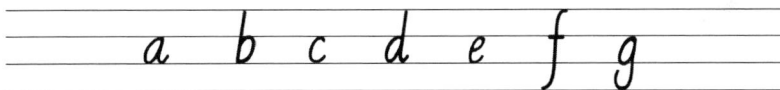

a b c d e f g

词与词之间的位置要留够。

How are you

字母朝向一个方向。

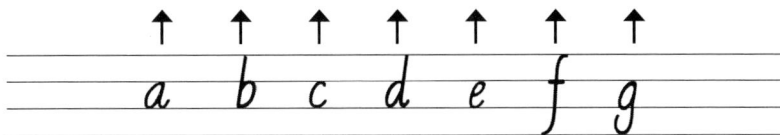

↑ ↑ ↑ ↑ ↑ ↑ ↑
a b c d e f g

相同的字母写法一致。

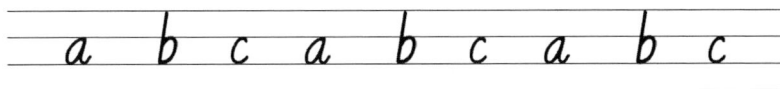

a b c a b c a b c

10

创造利于孩子
发展的环境

良好、舒适的环境能够提高积极性
和参与度，有利于孩子身心健康

—— 目标 ——

你的目标是创造理想的环境。

- 为孩子创造有益于其发展的环境。

适当的空间和舒适的环境能够提高孩子的积极性，帮助其更好地参与集体活动。创造合适的环境有助于孩子的全面发展和身心健康，也可以带给孩子愉悦的感觉。

可以依据后面的表，对环境中存在的有利及不利因素进行分析，并列出可能产生的后果。

作为成人，我们可以做很多事，以创造有益于孩子发展的理想环境！

环境分析记录

环境观察	有利因素☺	不利因素☹	后果
安全性			
是否适合孩子			
是否符合人体工程学			
是否有利于孩子身心发展			
是否适合活动			
是否有吸引力、使人兴奋			
是否一目了然			
是否整洁			
是否宽敞			
是否安静			
是否明亮			
是否温暖			
是否通风良好			

创造理想环境

借助环境分析记录评估你的环境，请思考，有哪些方面还可以做得更好？哪些方面你还需要改进？你可以拟订一份计划，以此作为环境改善的开始。

如果你需要这方面的帮助，可以向职能治疗师进行全面的咨询，他们会帮你评估环境条件，并与你共同制定出适当的改善措施。

日常指导

安全吗？

检查一下，孩子所处环境的安全性如何。清除一切潜在的危险因素，如不安全的插线板、高床以及台阶、尖锐的棱角、发热的灯、缠绕的电线、打滑的地毯、容易吞卡的小物体、洗涤剂及化学物品。

适合孩子吗？

检查一下，家具及空间布置是否符合孩子的年龄，是否有利于孩子的发展。他们是否能够轻松取下重要物品，家具的尺寸和高度合适吗？

符合人体工程学吗？

检查一下，从人体工程学的角度看，书桌是否适合孩子，台面能否升高，孩子是否能够保持直立的坐姿（保持注意力的重要因素）。写字桌椅的高度是否合适，以让孩子往前坐的时候，双脚能够踩地而大腿能够保持自然倾斜？

→ 从一岁起到小学毕业都可以使用可调节的椅子，因为它可调节高度，也可减少座位深度，有助于孩子保持直立的坐姿。带有坐垫的木凳或者木椅也是不错的选择。转椅则需谨慎使用，因为它可以不断旋转，肌肉紧张度会因此减弱，而且孩子通常喜欢将双脚放置于十字形旋转架上，把自己蜷成一团。

→ 为避免坐姿不正确影响注意力，你要有意识地调整孩子的坐姿。可以把椅子旋转180°，让孩子的腹部和胸骨能够靠在椅子靠背上。准备不同的坐垫，以帮助孩子保持直立及清醒（硬性泡沫材质的楔形小坐垫、透气的绒毛楔形小坐垫、球形坐垫、七叶形坐垫、樱桃核形坐垫）。为了让孩子保持直立的坐姿和中枢神经的兴奋，推荐使用可供站立操作的斜面桌子。可供躺下来使用的写字桌也可以缓解长时间坐立后的肌肉紧张，有助于身体放松。建议幼儿园和中小学教室里配备各种不同的桌椅（具有不同高度的桌椅、可供站立操作的斜面桌子、各种坐垫、可供躺下来使用的写字桌及摇椅），这样，孩子们每天都可以尝试不同的书桌，并不断变换身体姿势。

→ 书桌的高度可以调节吗？孩子的肩膀能否自然放松，手臂能否轻松置于书桌之上？为使孩子保持直立的坐姿，桌面的倾斜度是否合适？

椅子围成一圈坐时，一定要让那些引人注意的孩子坐在老师附近，这样老师可以直接而迅速地对孩子产生影响。在教室里，有注意力问题的孩子一定要靠前坐，这样他们不容易分神，与老师的互动也会更加紧密。

有利于孩子身心发展吗？

玩具、游戏素材、学习素材是否符合孩子的年龄，有益于其身心发展？它们是否可以促进孩子的感知、认知和交际能力的发展？这些素材是否多样化以及分级别？孩子能从这些玩具中获得反馈以判断自己是否圆满完成任务吗？

适合活动吗？

是否有足够的空间让孩子们自由活动？是否有多样化的形式能让孩子们获得足够丰富的活动经验并受到启发，同时协作能力也能得到提高？要让孩子在活动过程中能够定期得到充分的休息。做一个活动箱子，里面放入不同的活动器具（不同种类的球、跳绳、橡皮筋、积木、贴纸、小袋子等）、游戏素材及有关游戏的想法，这些可以用于满足孩子们的日常活动。让孩子每天尽可能多地使用轮滑、自行车或者步行！

有吸引力、使人兴奋吗？

检查一下，环境布置是否具有吸引力并能使人兴奋。环境是否具有足够的吸引力，让孩子愿意长时间待在那里并感到愉悦？环境是否让孩子变得积极？你是否花费了心思让游戏素材具有吸引力和创造力？环境是否有利于激发孩子们的想象力？

一目了然吗？

检查一下，空间是否一目了然地进行了合理分区。孩子是否清楚，在哪里他们可以尽情玩耍，在哪里应该保持安静？有可供参考的颜色分区吗？有清楚的指示以显示在哪里可以找到相应的物品及游戏素材吗？

值得注意的是，为孩子提供的玩具应少而精！数量适当的玩具可以让孩子深入游戏并开发其创造力。视孩子的掌控能力来适当减少玩具的数量；按照材质将玩具归类，与孩子一起清理已被损坏或者不适合其年龄阶段的玩具；按季节更换不同的玩具。

整洁吗？

确认孩子是否熟知整洁的原则。与孩子一起思考，每样物品应放置于哪个地方。在书架、柜子、箱子及抽屉上用文字或者图片标明内容，这样，孩子看一眼就能明白什么东西应该放在哪里，游戏结束后收拾起来也较容易。也可以准备一张房间收拾得干干净净的照片，用以提醒孩子，应该把房间整理得像照片中一样。

宽敞吗？

检查一下孩子有多少游戏和活动的空间。你可以进行分类、重新布置以创造更加宽敞的空间。

安静吗？

检查一下房间的声响情况。此房间内的声音大不大？你可以用分贝测量仪测量声音平均值及噪声最大值（很多智能手机在软件支持下也可测试环境噪声）。最大分贝值应为40。

尝试消除问题尤其严重的噪声源。当然，无论如何也不可能做到鸦雀无声，孩子应该学会走神后如何重新集中注意力以继续现有的任务。他们也可以练习如何在毫无吸引力的房间里停留并坚持一段时间。

你可以尝试用象征性的手势向孩子表明，现在应该保持安静或者轻声行事（如做出"轻声小狐狸"的手势）。噪声监测可以向孩子展示他们刚才在房间的声音有多大。可以告诉孩子，如果他们在一段预先规定的时间里遵守约定将分贝数控制在一定的范围之内，那么他们将会得到相应的奖励。

对于过度兴奋的孩子，建议营造静谧的环境以使其安静下来。对于过度抑制的孩子，则可以提高说话声音以使其保持清醒。

明亮吗？

房间是否布置得足够明亮？尤其要注意书桌区域的亮度，应做到明亮而不刺眼。

为避免背光，对于使用右手书写的孩子，光源应从左侧射入；对于使用左手书写的孩子，光源则应从右侧射入。

轻声小狐狸

对于过度兴奋的孩子，建议调暗灯光以使其安静下来；对于过度抑制的孩子，则可以调亮灯光以使其保持清醒。

温暖吗？

房间环境应该以多少度为宜？请你注意调节房间温度，以使孩子舒适为宜。

对于过度兴奋的孩子，建议调低温度；对于过度抑制的孩子，同样以调低温度为宜。

通风良好吗？

孩子身处的环境是否通风良好、氧气充足？注意定时开窗透气以促进空气对流。新鲜的空气有助于提高孩子的注意力控制能力，使其能够长时间集中注意力。

/ 后记 /

亲爱的家长和教育工作者：

　　请不要以为你必须采纳此书中的所有建议——没有人能做到这一点！
人无完人，的确如此！如果我们善于肯定孩子的出色表现，那么，我们也
会更加宽容地看待孩子的弱点和缺陷。

　　也许你已经读过此书中的日常指导，也开始使用这些方法，那么，
请你为你所做的一切感到高兴吧！这里介绍的很多方法都对防止注意力
障碍及相关问题（如缺乏积极性、情绪消沉）的进一步发展卓有成效。

　　但是，本书无论如何也不能取代专业的干预治疗！

　　如果孩子患有注意缺陷多动障碍，或者相关症状已出现较长时间，请
你务必向专业的医生或者治疗师请教！你也可以为促进孩子的健康及身心
发展而进行全面的咨询。

亲爱的专业治疗师及其他治疗师：

本书从咨询领域提供了有关儿童注意力障碍及自我控制能力障碍的帮助。你可以在这里看到很多你向家长和教育工作者解释过的信息、建议和方法。本书旨在给予儿童具体的指导并引导其积极配合，以此促进父母和教育工作者在治疗过程中能正确认识并协助治疗师完成工作，在日常生活中科学地给予孩子支持和帮助。

我非常期待你能在日常工作中使用这些方法并有所助益。我确信，此书会让你的生活更加充实，你也将看到多种有效的结果！

祝你阅读愉快！

布丽塔·温特

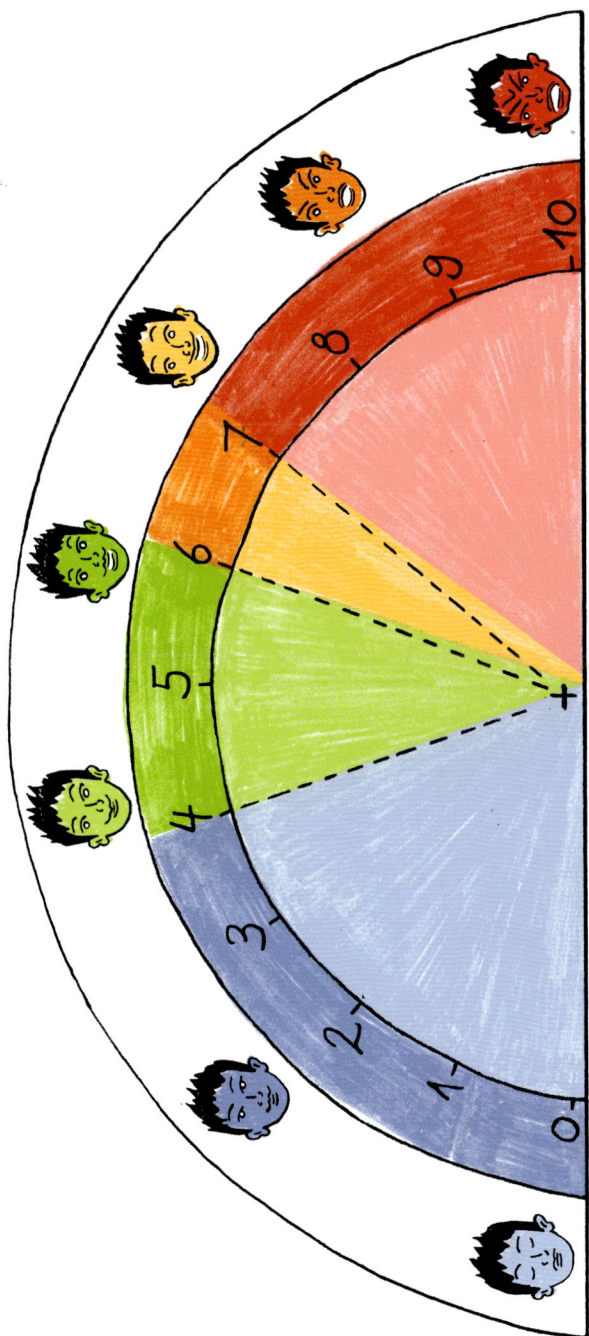

转速表

"静下来"技巧

- 将灯光调暗。

- 小声播放轻松的音乐。

- 划出一定的空间范围。

- 家长使用稳定、安静、非情绪化的声音。

- 做一些肌肉承重练习（拉动或者推动重物）。

- 给头部施加压力（如头部按摩）。

- 拍打身体。

- 放慢速度。

- 缓慢摇摆身体。

- 注意力训练（见第64页）。

- 对准中心训练（见第68页）。

- 腹式深呼吸。

- 从10开始倒数并进行腹式深呼吸。

- 暂停并休息。

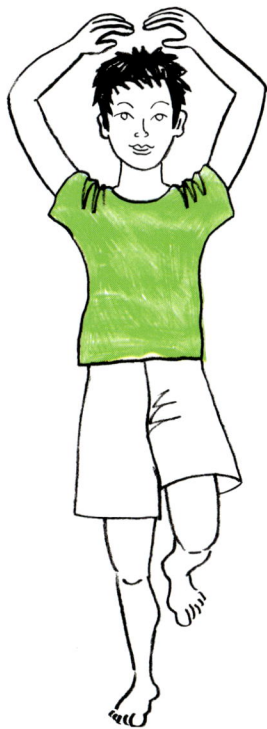
像树一样站着使人安静

- 念格言，如"静中有力""静心如意""集中精力，一切顺利""心静自然凉"。

- 喝冷水。

- 含冰块。

- 嚼口香糖。

- 意念游戏：将注意力集中于听、看、吃和触摸中的任一感官通道。如嘴里含一颗小熊糖，将注意力集中在小熊糖上。

学校（幼儿园）日常指导

- 让孩子尝试不同的"静下来"技巧，并从中找到最有效的一种。

- 让孩子把最有效的技巧画在卡片上。

- 鼓励孩子在好动不安的时候主动使用这些技巧。

"变清醒" 技巧

- 将灯光调亮。

- 大声播放富有节奏的音乐。

- 自己制造吵闹声（吹哨子、唱歌、拍手等）。

- 划出可供运动的空间。

- 家长提高声音，大声说话，不断调节说话音量。

- 给予孩子一种强刺激。

- 加快动作。

- 以较快的速度频繁改变位置（躺下、坐下、站起、跑动、停下来）。

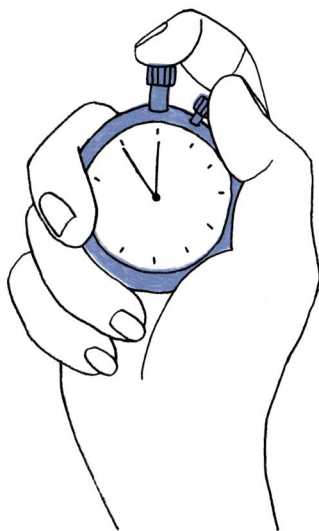

时间压力使人清醒

- 做一些肌肉承重练习（拉动或者推动重物）。

- 剧烈摇摆身体、转动（注意不要超出身体承受范围）。

- 注意力训练（见第64页），速度适中。

- 念格言，如"像水中鱼儿般保持活力和清醒"（见第66页）。

- 喝冷水。

- 含冰块。

- 食用酸味食物。

学校（幼儿园）日常指导

- 让孩子们尝试不同的"变清醒"技巧。

- 让孩子找到最有效的一种"变清醒"技巧。

- 让孩子把最有效的技巧画在卡片上。

- 鼓励孩子在对某事提不起精神或者动作缓慢时主动使用这些技巧。

1为起始动作，听到命令后跳一下，变成动作2，反复

注意力训练：木偶人

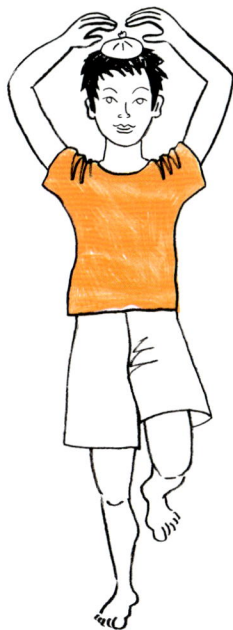

对准中心训练：树上的鸟窝

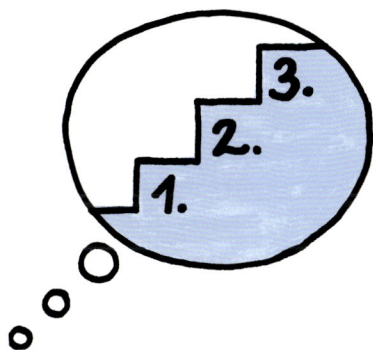

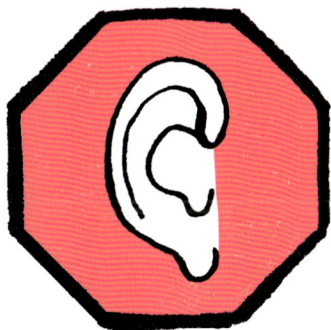

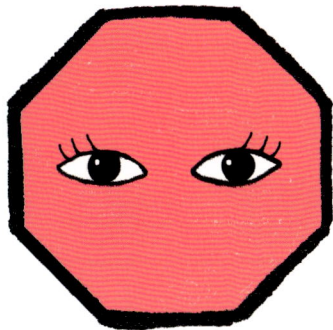

行为组织技巧

我的日程安排

时间	活动	😊

我的周计划

时间	星期一	星期二	星期三	星期四	星期五	星期六	星期日

我的规则

我同意 此项规则 √	规则		我遵守了 此项规则 √
		我在规定时间内完成要做的事情	
		我待人友好	
		我善于倾听	
		我聚精会神地注视某物	
		我活动时不影响其他人	
		我安静地坐着	
		我观察别人的忍耐极限，并时刻注意	
		我先完成作业再玩耍	
		我按时完成作业	
		我在开始一项新的活动或游戏之前， 先把物品放回原处	
		我按时上床睡觉	

我的检查清单

序号	自我提醒	星期一	星期二	星期三	星期四	星期五	星期六	星期日	单项得分
1	将夹克衫、书包、饼干盒、水杯放回原处								
2	家庭作业在20点之前完成								
3	晚上刷牙3分钟								
	总分								

家庭协议

我们的规则

1. 我们友好地相处，互相尊敬。

2. 我们互相支持和帮助。

3. 我们使用东西时要小心。

4. 这个时间点我们一定一起吃饭：_____。

5. 我们观察别人的忍耐极限，并时刻注意。

6. 当我们遇到困难、烦恼、忧愁或者问题时要互相倾诉。

7. 我们相约每周去一次家庭咨询中心并且聊聊本周过得怎么样、什么事做得不错，下一周应该或必须把什么事做得更好，下一周或下一个日程安排的计划是什么。

我接受上述协议并承诺遵守它们。

地点、时间_____

家庭成员签名_____

_____

电子产品使用协议

我的屏幕规则

1.每天，我可以在屏幕前度过_____分钟。

2.我可以观看或者使用以下电视台、节目、游戏、程序：

_____

3.禁止观看或者使用以下电视台、节目、游戏、程序：

_____

4.如果我不遵守协议，则会有如下后果：

_____

_____

5.父母已经向我说明，为什么这些协议对我非常重要以及我不遵守它们时会有哪些后果。

我接受上述协议并承诺遵守这些协议。

地点、时间_____

签名

班级协议

我们的规则

1. 我们友好地相处，互相尊敬。

2. 我们互相支持和帮助。

3. 我们交谈时眼睛注视着对方。

4. 我们互相倾听。

5. 我们耐心地等待轮到自己。

6. 我们做事专注，不轻易走神。

7. 我们使用东西时要小心。

8. 我们不回避矛盾，并一起寻找解决办法（比如在每周五的第二节课上）。

9. 如果我们不遵守这些规定，则全班相约一起去班级咨询中心。

10. 发生暴力冲突时要直接通知家长。

我接受上述协议并承诺遵守它们。

地点、时间＿＿＿＿＿＿＿＿＿＿＿＿＿＿＿＿＿＿＿＿＿

班级成员签名＿＿＿＿＿＿＿＿＿＿＿＿＿＿＿＿＿＿＿

＿＿＿＿＿＿＿＿＿＿＿＿＿＿＿＿＿＿＿＿＿＿＿

____的在校检查清单

序号	是否完成？ 非常好=2分 好=1分 失败=0分 检查者 K=学生 L=老师	星期一		星期二		星期三		星期四		星期五	
		K	L	K	L	K	L	K	L	K	L
1	我今天按时到校上课										
2	我在课堂上表现积极，经常举手发言										
3	我认真地做完所有家庭作业										
	总分										

我们的准则

1. 我们友好地对待彼此。

2. 我们彼此间不影响对方。

3. 我们是一个团队，应该互相帮助。

4. 如果我们不遵守规则，就缩短游戏时间。

我的愿望清单

我的愿望	我需要获得的分数
妈妈或者爸爸在睡觉之前的15分钟能陪我玩一个我想玩的游戏	9
妈妈或者爸爸在睡觉之前的30分钟能陪我玩一个我想玩的游戏	12
周六能多玩1小时再睡觉	40
吃快餐	50
打保龄球或者看电影	60
按照我的选择去郊游	180

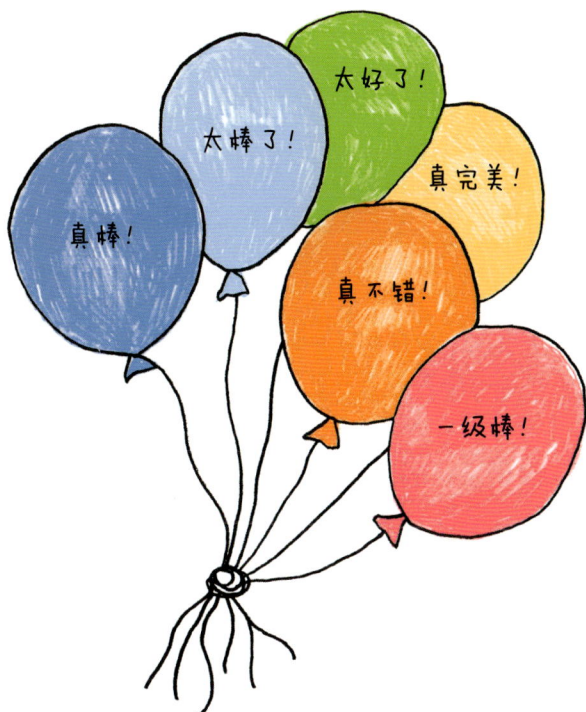

表扬给人勇气

喝彩卡

坐在椅面倾斜的椅子上

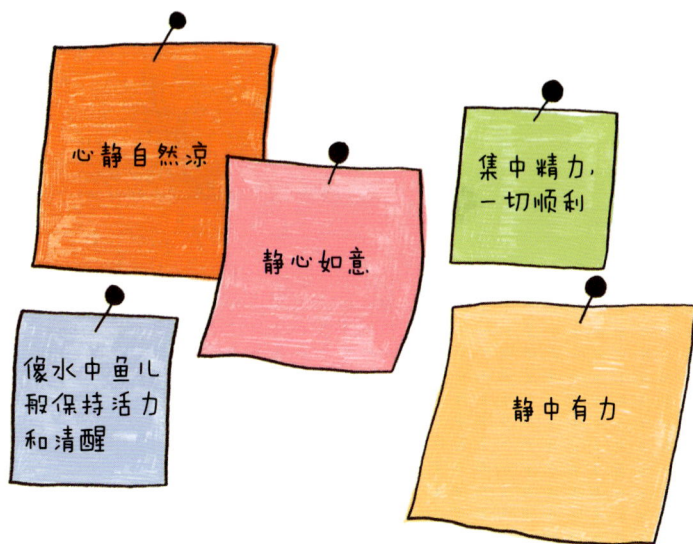

以格言的形式进行精神训练